JENEWEIN / ROTHFUSS / LARUTAN

Land *der* Tüftler *und Denker*

JENEWEIN / ROTHFUSS / LARUTAN

Land *der* Tüftler und Denker

DIE BESTEN ERFINDUNGEN AUS BADEN-WÜRTTEMBERG

GMEINER KULTUR

Besuchen Sie uns im Internet:
www.gmeiner-verlag.de

© 2017 Gmeiner-Verlag GmbH
Im Ehnried 5, 88605 Meßkirch
Telefon 07575/2095-0
info@gmeiner-verlag.de
Alle Rechte vorbehalten
3. Auflage 2020

Lektorat: Dominika Sobecki
Satz: Julia Franze
Bildbearbeitung/Umschlaggestaltung: Benjamin Arnold
unter Verwendung der Fotos von: © PixlMakr / Fotolia.com; © Mercedes-Benz Classic; © spql / Fotolia.com; © Märklin; © Steiff; © UHU GmbH & Co. KG, Bühl (Baden); © STIHL; © fischerwerke; © MP2 / Fotolia.com; © Tobias Schuster / Hohner Musikinstrumente; © ExQuisine / Fotolia.com; © bpstocks / Fotolia.com; © agrope / Fotolia.com; © Edwin Mieg OHG
Kartendesign: Mirjam Hecht; © The World of Maps (123vectormaps.com)
Druck: AZ Druck und Datentechnik GmbH, Kempten
Printed in Germany
ISBN 978-3-8392-2001-6

1. Louis Leitz bringt Ordnung ins Büro ///
   Aktenordner – Sitz der Firma Leitz Stuttgart 9
2. August Fischer hält die Welt zusammen ///
   Alleskleber – Deutsches Verpackungs-Museum Heidelberg .. 13
3. Bertha lenkt Carl Benz' Erfindung ///
   Automobil – Mercedes-Benz Museum Stuttgart 15
4. Sigmund Lindauer als Busenfreund ///
   BH – Stadtmuseum Bad Cannstatt Stuttgart 19
5. Justinus Kerners wurstiges Wundermittel ///
   Botox – Justinus-Kerner-Haus Weinsberg 23
6. Theodor Beltle und die Limo für alle ///
   Brausepulver – Frigeo-Werk Remshalden 25
7. Christian Schönbeins neue Energie ///
   Brennstoffzelle – Schönbein-Büste 27
8. Bäcker Frieders verschlungene Arme ///
   Brezel – Museum der Brotkultur Ulm 31
9. Karl Nesslers haarige Erfindungen ///
   Dauerwelle – Nessler-Ausstellung im Kulturhaus Todtnau .. 33
10. Conrad Magirus ist Vater der Feuerwehr ///
    Drehbare Feuerwehrleiter – Haus der Stadtgeschichte Ulm .. 37
11. Der blitzgescheite Artur Fischer ///
    Dübel – Fischer Museum Waldachtal-Tumlingen 39
12. Heinrich Hertz' Geniestreich ///
    Elektromagnetische Wellen – ZKM Karlsruhe 41
13. Karl Drais' erfindungsreiches Leben ///
    Fahrrad – Verkehrsmuseum Karlsruhe 45
14. Johannes Keplers weitsichtige Erfindung ///
    Fernrohr – Schwäbische Sternwarte Stuttgart 51
15. Fritz Leonhardts Meisterbau ///
    Fernsehturm aus Stahlbeton – Fernsehturm Stuttgart 53
16. Scheufelen arbeitet im Auftrag der NASA ///
    Feuerfestes Papier – Mus. für Papier- u. Buchkunst Lenningen . 55
17. Salomon Idler, der fliegende Schuster ///
    Fliegen – Idler-Gedenktafel Stuttgart 59
18. Wie die Schwaben die Musik erfanden ///
    Flöte – Geißenklösterle bei Blaubeuren 63
19. Sport ist Philipp Heinekens Leben ///
    Fußball-Zeitschrift auf Deutsch – Heineken-Grab Stuttgart ... 67

20 Alfred Kärcher reinigt die Welt ///
Hochdruckreiniger – Kärcher Museum Winnenden 71
21 Carl Laemmle als König von Kalifornien ///
*Hollywood – Museum zur Geschichte von Christen
und Juden Laupheim* 73
22 Casimir Bumiller, Erfinder von der Alb /// *Holzfahrrad –
Hohenzollerisches Landesmuseum Hechingen* 77
23 Graf Eberhard im Barte macht sauber ///
Kehrwoche – Führung mit »Frau Schwätzele« Stuttgart 81
24 Walter Eisbein verändert die Arbeitswelt ///
Kopierer – Kolb-Lollipop-Museum Korntal 85
25 Friedrich Eisenlohrs Uhrenlegende ///
Kuckucksuhr – Deutsches Uhrenmuseum Furtwangen 87
26 Die Maulbronner Mönche bescheißen Gott ///
Maultaschen – Kloster Maulbronn 91
27 Eugen Märklins Miniatur-Loks ///
Modelleisenbahn – Märklin Museum Göppingen 93
28 Andreas Stihl und die Axt im Walde ///
Motorsäge – Waiblingen 97
29 Matthias Hohner macht das »Bläsle« hip ///
Mundharmonika – Deutsches Harmonikamuseum Trossingen 101
30 Gerhard Wollnitz' »Geh-Klasse« ///
Parkraumwunder – im Stuttgarter Westen 103
31 Paul Schlack macht Frauen glücklich ///
Perlonfaden – Stadtmuseum Leinfelden-Echterdingen 107
32 Gunther von Hagens' Körperwelten ///
Plastination – Institut für Plastination Heidelberg 111
33 Schwaben-Aufstand lange vor Stuttgart 21 ///
Politaktivismus – Carlsschule-Gedenktafel Stuttgart 113
34 Michael Stifels Apokalypse und Sudoku ///
*Quadratische Gleichungen (Formel) –
Stifel-Gedenktafel Esslingen* 117
35 Wilhelm Schickards große Erfindung ///
Rechenmaschine – Kepler-Museum Weil der Stadt 119
36 Ließ es Berthold Schwarz donnern?
Schießpulver – Führung mit Berthold Schwarz Freiburg .. 123
37 Wer erfand die Königin der Torten? ///
Schwarzwälder Kirschtorte – Festival in Todtnauberg 125

38 Dr. Rolf Heins Schaum-Träume ///
Seifenblasen – Hein Event Tübingen 129
39 Ottmar Mergenthalers American Dream ///
Setzmaschine – Mergenthaler-Gedenkstätte Bad Mergentheim 131
40 Robert Winterhalder macht's ohne Doktor ///
Skilift – Schneckenhof Eisenbach-Schollach 135
41 Max Fischer will weiter springen ///
Skiwachs – Schwarzwälder Skimuseum Hinterzarten 139
42 Wie die Schwaben die Kunst erfanden ///
Skulptur – Venus im Urgeschichtlichen Museum Blaubeuren .. 141
43 Dario Fontanellas leckere Verschmelzung ///
Spaghettieis – Fontanella-Cafés Mannheim 145
44 Robert Kulls Spätzle-Schwob ///
Spätzlepresse – Neckartalstraße 117 Stuttgart 149
45 Jakob Friedrich Kammerers zündende Idee ///
Streichholz – Kammerer-Denkmal Ehningen 151
46 Margarete Steiff ist bärenstark ///
Teddybär – Steiff Erlebnismuseum Giengen 155
47 Adolf Rambold schreddert und verpackt ///
Teebeutel – The English Tearoom Stuttgart 159
48 Hermann Hähnle hinter der Kamera ///
Tierfilm – Haus des Dokumentarfilms Stuttgart 161
49 Karl Mayers und Edwin Miegs Minifußball ///
Tipp-Kick – Sportspielfabrik Edwin Mieg Schwenningen .. 165
50 Familie Lanz' Bulldog brummt ///
(Rohöl-)Traktor – Traktormuseum Bodensee
Uhldingen-Mühlhofen 169
51 Lotte Reiniger lehrt die Bilder laufen ///
Trickfilm – Stadtmuseum Tübingen 171
52 Robert Boschs 1.000 Patente und Gesichter ///
Urlaub – Bosch-Areal Stuttgart 175
53 Erwin Hymer mit Puck auf Reisen ///
Wohnmobil – Erwin Hymer Museum 179
54 Julius Maggi salzt die Suppe ///
Würzsoße – Maggi-Gelände Singen 181
55 Graf Zeppelins Luftschloss ///
Zeppelin – Zeppelin Museum Friedrichshafen 183

Karten 186
Bildverzeichnis 190

LEIDER NUR VON AUSSEN ZU BETRACHTEN: SITZ DER FIRMA LEITZ /// SIEMENSSTRASSE 64 /// 70469 STUTTGART ///

LOUIS LEITZ BRINGT ORDNUNG INS BÜRO
Aktenordner – Sitz der Firma Leitz Stuttgart

Ordnung, heißt es, sei das halbe Leben. Und wo würde das mehr gelten als im Büro? Wie aber wäre sie herzustellen ohne Aktenordner? Der Leitz-Ordner, benannt nach seinem Erfinder Louis Leitz, ist eine erstaunlich späte Erfindung (erste Entwürfe stammen aus dem Jahr 1871, Leitz entwickelte diese weiter, bis 1896 die heute gängige Form gefunden war). Zugegeben, eine Schönheit ist er nicht, so ein Ordner, aber beinahe in jedem Haushalt zu Hause. Die Ordnerdeckel bestehen bis heute aus Pappe und sind klassisch mit Papier im Wolkenmarmor-Design eingebunden oder in Polypropylen in poppigen Farben gehalten. Ein einziger Ordner mit 52 Millimetern Rückenbreite hilft, das Chaos von 350 losen Blättern zu vermeiden, und ist mit einem Griff wieder im Regal verstaut. Profis legen entweder nach Chronologie ab oder nach Sachregister, Amateure mischen.

Es verwundert sicher niemanden, dass diese bahnbrechende Erfindung aus Stuttgart stammt. Man könnte nun sagen, dass der Leitz-Ordner keine eigentliche Erfindung sei, da es wohl schon immer Mappen gegeben habe (die vermeintliche Selbstverständlichkeit des neuen Gegenstands ist das größte Kompliment für den Erfinder). Dass aber tatsächlich eine große Idee dahintersteckt, zeigt die Vielzahl von anderen Mappen, Ordnern und Heftern, die bis heute auf den Markt geworfen werden und deren mangelnde Praxistauglichkeit teilweise himmelschreiend ist.

Louis Leitz wurde am 2. Mai 1846 im württembergischen Ingersheim geboren. Der gelernte Drechsler arbeitete zunächst als Mechaniker, und so ist auch die Metallbügel-Konstruktion zum Ein- und Ausordnen der Blätter das Herzstück seiner Erfindung. Leitz machte sich früh als Factura-Bücher-Fabrikant selbstständig und kam so mit dem Ordnerproblem in Berührung. 1871 gründete er seine *Werkstätte zur Herstellung von Metallteilen für Ordnungsmittel*, aus der sich die noch heute existierende Firma Leitz entwickelte. Der damals erst 25-jährige Erfinder produzierte zunächst sogenannte »biblorhaptes« (das heißt die damals in Frankreich gängigen Spießordner), die ihn wegen ihrer herausragenden Qualität bald überregional bekannt machten. Ange-

Aktenordner der Firma Leitz

dacht wurde der heute gebräuchliche Ordner im Jahr 1886 von einem Friedrich Soennecken aus Bonn, der auch den zugehörigen Locher erfand. Damit war die Bahn für Leitz bereitet: Seine Erfindung der typischen Aushebe-Mechanik und des Registers ermöglichte ab 1886 das rasche Einordnen einzelner Blätter an jeder gewünschten Stelle eines Aktenstapels. Die Hebelmechanik konnte nicht nur geöffnet und wieder verschlossen, sondern auch arretiert werden. Bis 1896 kamen noch die Raumsparschlitze im Einband dazu. Leitz' revolutionäre Mechanik ist bis heute nahezu unverändert in jedem Aktenordner zu finden.

Angesichts der im Zuge der Industrialisierung rasant steigenden Nachfrage errichtete Leitz 1898 seine große Fabrikanlage in Stuttgart, in der neben den Ordnern auch Register, Locher und andere Büromaterialien hergestellt wurden; diese ist auch heute als eine der repräsentativsten erhaltenen Gründerzeitfabriken in Stuttgart einen Besuch wert. Die Entwicklung »seines« Ordners mit dem Griffloch im Rücken fand hier 1911 ihren endgültigen Abschluss. Die Firma Leitz wuchs rasch zur Weltmarke und machte den Erfinder zu einem wohlhabenden Mann. Louis Leitz, Vater von vier Kindern, verstarb am 18. Mai 1918 in Stuttgart, seine Erfindung lebt weiter.

Baden-Württemberg wäre freilich nicht das Ländle, wenn es im Badischen nicht teilweise ein wenig anders gehandhabt würde: Hier weiß man, dass Akten nicht in einen Ordner gehören, den auch noch ein Stuttgarter erfunden hat. Mit beträchtlicher Sturheit hält man an einer eigenen, älteren Erfindung fest, der sogenannten »Badischen Aktenheftung«, auch »Badische Oberrandheftung« oder »Badische Lochung« genannt. Dieses Verfahren ermöglicht, umfangreiche Akten ohne die Verwendung von Aktenordnern zu archivieren. Nachweislich wird sie seit der Reform des badischen Archivwesens durch den Geheimrat Nikolaus Brauer, 1801, angewandt. Seit 1934 ist dies nicht mehr ganz legal; in der Anweisung für die Verwaltung des Schriftguts bei den Geschäftsstellen der Gerichte und Staatsanwaltschaften des Justizministeriums Baden-Württemberg heißt es unter Abschnitt II. 12., dass die Aktenordnung einheitlich zu handhaben sei. Doch weiter steht hier: »Bezüglich der Verfahrensakten im Oberlandesgerichtsbezirk Karlsruhe verbleibt es jedoch bis auf weiteres bei dem seitherigen Heftsystem« – dieses »bis auf Weiteres« wird seither großzügig ausgelegt ... Bis heute werden die einzelnen Seiten im Nordbadischen mit einem speziellen Locher links oben zweifach gelocht, und zwar nicht irgendwie: Die Löcher haben einen Durchmesser von circa 2,5 Millimetern und einen Abstand von 43 Millimetern zu haben. Und der Abstand zum Rand hat auf gut badisch 15 Millimeter, der zur Oberkante 20 Millimeter zu betragen. So können die Akten, zwischen in derselben Weise gelochte Din-A4-Kartondeckel gelegt, mit einer sogenannten Aktenschnur verbunden werden. Die beiden Schnurenden müssen nun oben auf dem rückseitigen Aktendeckel nicht irgendwie, sondern zum »Badischen Aktenknoten« verschlungen werden. Badisch geheftete Akten werden auch nicht schnöde stehend aufbewahrt wie solche in Aktenordnern, sondern gemütlich liegend. So ruhen sie besser. Die ganz besonderen Aktenlocher, die es dafür braucht, wurden bis 2007 von einem Mechanikermeister in Ettlingen hergestellt, der inzwischen seine Werkstatt aufgegeben hat; seither wird die Fertigung durch die Gefängniswerkstätten der JVA Mannheim übernommen. Böswillige Gerüchte, dass man im Badischen auch der Verwendung von EDV und Computern ablehnend gegenüberstünde, sind selbstverständlich falsch. Diese Technologien stammen ja auch nicht von Schwaben.

UHU-TUBE AUS DEN 50ER-JAHREN

KLASSISCHE UHU-VERPACKUNGEN ZEIGT DAS DEUTSCHE VERPACKUNGS-MUSEUM /// HAUPTSTRASSE 22 (INNENHOF) /// 69117 HEIDELBERG /// 0 62 21 / 2 13 61 /// WWW.VERPACKUNGSMUSEUM.DE, MEHR INFORMATIONEN ZU UHU UNTER WWW.UHU.COM ///

AUGUST FISCHER HÄLT DIE WELT ZUSAMMEN

Alleskleber – Deutsches Verpackungs-Museum Heidelberg

August Fischers Erfindung hält die Welt zusammen. Und manchmal sogar einen Zeppelin. Denn ein jeder weiß:»Im Falle eines Falles klebt Uhu wirklich alles.« Wenn ein Deutscher ein Papiertaschentuch braucht, fragt er nach einem Tempo; fettet er sich die Lippen ein, benutzt er ein Labello; will er was kleben, greift er zum Uhu. Es gibt nicht viele Marken, die für eine ganze Produkt-Gattung stehen, Uhu hat es geschafft.

Der Oberschwabe und gelernte Apotheker August Fischer erwarb 1905 in Bühl in Baden eine kleine chemische Fabrik, die Tinten, Stempelkissen, Farben und Naturleime herstellte. Die Menschen fuhren Auto und flogen durch die Lüfte, telefonierten und hörten Radio, klebten aber immer noch wie die alten Ägypter, Griechen und Römer. Sie kochten Knochen und Tierreste und brauten so ihren Leim. Der musste warm gehalten werden. Fischleim konnte man auch kalt verkleben – aber er stank zum Himmel. August Fischer wollte das ändern. Er übergab die Firma an seinen Sohn und zog sich 1924 ins Labor zurück. 1932 hatte er den ersten glasklaren, gebrauchsfertigen Klebstoff aus Kunstharz entwickelt. Der hielt alles zusammen, sogar die Inneneinrichtung des Luftschiffs Hindenburg, das 1936 vom Stapel lief. Die war nämlich mit Uhu geklebt.

Doch als Fischer aus dem Labor kam, hatten die Luftschiffer noch keine Ahnung von seinem Klebstoff. Sohn Hugo machte ihn erst berühmt. Er schickte jedes Jahr Proben des Klebers an 36.000 Schulen in Deutschland. Buchstäblich jedes Kind kannte alsbald die gelbe Tube mit der schwarzen Schrift. Und wusste:»Im Falle eines Falles klebt Uhu wirklich alles.« *Uhu Der Alleskleber*, so hatte Fischer seinen Klebstoff genannt. Die Bürowarenverkäufer jener Zeit hatten es mit den Vögeln – Pelikan, Schwan, Greif, Marabu, so nannten sie ihre Artikel. Nun kam ein Uhu dazu. Bis heute hält er die Welt zusammen.

BERTHA LENKT CARL BENZ' ERFINDUNG
Automobil – Mercedes-Benz Museum Stuttgart

Es ist ein Angebot, das man nicht ablehnt: »Wollen Sie den Führerschein für den Benz Patent-Motorenwagen machen?«, fragt Friederike Valet vom Mercedes-Benz Museum. Auf den Spuren von Bertha Benz wandeln? Den dreirädrigen Wagen steuern, mit dem die Pionierin des Automobils zusammen mit ihren beiden minderjährigen Söhnen Eugen und Richard im Jahr 1888 die erste 106 Kilometer lange Fernfahrt von Mannheim nach Pforzheim und wieder zurück unternahm? Ganz ohne das Wissen ihres Mannes Carl Benz – und der Polizei übrigens. Denn ihr Vorhaben war illegal: Außerhalb Mannheims durfte der Wagen nicht fahren. Ja, ich will. Unbedingt!

Doch schon bei der kurzen Probefahrt mit dem Fahrlehrer Benedikt Weiler wird es einem mulmig: Oje, ist das schnell! Der Wagen muss gewiss mehr als die 16 Stundenkilometer draufhaben, die er angeblich nur fahren kann. »Aber nein, die Höchstgeschwindigkeit haben wir noch nicht einmal erreicht«, sagt Weiler und lacht. Kaum zu glauben, vor allem, wenn sich das dreirädrige Gefährt in die Kurve legt. Kann es denn auch umkippen? Das erhoffte Nein bleibt aus. »Natürlich«, sagt Weiler und lässt die kleine Kurbel des Lenkrads locker zwischen zwei Fingern durchgleiten, während die Beifahrerin die Hände unwillkürlich etwas fester um die Rückenlehne schließt.

Der Wagen ist ein Nachbau des Fahrzeugs mit Gasmotorenantrieb, das Carl Benz 1886 patentieren ließ und mit dem Bertha Benz jene erste Fernfahrt unternahm. Bertha Benz war allerdings, im Gegensatz zu uns, mit dem Typ 3 des Wagens unterwegs, der im Vergleich zum Typ 1, den wir fahren, eine weitere Sitzbank, einen zweiten Gang und bereits zwei PS hatte. Der Typ 1 hat gerade einmal 0,75 Pferdestärken und kann eben maximal 16 Stundenkilometer schnell fahren. Wenngleich man das – wie gesagt – kaum glauben mag, wenn man selbst darauf sitzt. Doch beim Draufsitzen soll es ja nicht bleiben. Den Führerschein für den Benz Patent-Motorwagen zu erwerben ist eine große Ehre – konnte bisher doch nur ein Mensch solch eine Fahrerlaubnis sein Eigen nennen. Doch um selbst stolze Besitzerin zu werden, gilt es, eine theoretische und eine

Benz Patent-Motorenwagen

praktische Prüfung zu bestehen. Nervosität macht sich in mir breit, während Benedikt Weiler mit Geduld und Begeisterung die Technik des ihm anvertrauten Schätzchens erklärt – so gut, dass selbst nicht technikaffine Menschen eine Ahnung davon bekommen, wie diese Art von Motor funktioniert. Dass Frauen durchaus ein Händchen für Schrauben und Antriebsscheiben haben können, das bewies Bertha Benz zweifelsohne. Zwei Pannen auf offener Strecke ereilten die drei Fernfahrer, brenzlige Situationen, die Bertha später mit munteren Worten beschrieb: »Das eine Mal war eine Benzinleitung verstopft – da hat meine Hutnadel geholfen. Das andere Mal war die Zündung entzwei. Das habe ich mit meinem Strumpfband repariert.«

Zudem trieb Bertha Benz mit Köpfchen den wirtschaftlichen Erfolg voran: Ihre Fahrt trug wesentlich dazu bei, die noch bestehenden Vorbehalte der Kunden zu zerstreuen, die das Fahrzeug als Satansgefährt bezeichneten und forderten, die Straße solle wieder den Pferden gehören. Freilich sollte später auf der Grundlage der Memoiren von Carl Benz kolportiert werden, dass nicht Bertha

Benz, sondern ihre Söhne am Steuer saßen. Dachte man doch damals, Frauenhirne seien zu klein für große Gedanken.

Erzürnt von diesem Vorurteil begibt sich Frau heute mit einem ausgeprägten Willen zu bestehen in die Theorieprüfung. Die umfasst 16 Fragen. Einige sind leicht zu beantworten, etwa die nach der PS-Zahl (wissen Sie's noch?), andere sind schon schwieriger. Etwa die: Wie viel Kühlwasser verbraucht der Benz Patent-Motorenwagen auf 100 Kilometer? Zehn, 30 oder 100 Liter? Nun, Bertha Benz musste oft an Brunnen halten – es sind 100 Liter. Oder: Was tankte man damals – und vor allem wo? Der Treibstoff war Ligroin, zu erhalten war dieser nur in Apotheken. Deshalb kam die Stadtapotheke in Wiesloch bei Heidelberg zu unerwartetem Ruhm: Sie gilt als die erste Tankstelle der Welt.

Bestanden! Mit 16 von 16 zu erreichenden Punkten, dafür gibt es ein Lob von Friederike Valet vom Mercedes-Benz Museum. Damit ist man zum praktischen Teil zugelassen. Aber wie bringt man den schmucken Wagen zum Laufen? Da gilt es nicht nur, den Zündschlüssel im Schloss zu drehen, sondern auch die Antriebsscheibe mit großer Kraft und noch mehr Gefühl so zu drehen, dass der Motor anspringt. Aber es will und will nicht gelingen. Ein Glück, dass dies nicht Teil der Prüfung ist! Dafür klappt das Fahren gut – schnell hat man raus, dass man große Kurven fahren muss, um nicht zu kippen, und dass man diese nicht zu rasant, aber auch nicht zu langsam nehmen darf – sonst bleibt der Wagen stehen. In diesem Fall hieße es für Benedikt Weiler, der jetzt Beifahrer ist: schieben. Nach der erfolgreichen Fahrt zischt es beim euphorischen Sprung vom Wagen plötzlich scharf im Motor. Wasser spritzt in einer kleinen Explosion aus dem Kühler. Das erste Automobil gratuliert auf seine ganz eigene Art zum bestandenen Führerschein.

SIGMUND LINDAUER ALS BUSENFREUND
BH – Stadtmuseum Bad Cannstatt Stuttgart

Manfred Schmids Brust entweicht ein langer Seufzer: »Es mag für die Cannstatter eine schockierende Nachricht sein, aber der Büstenhalter wurde nicht in Bad Cannstatt erfunden.« Herausgefunden hat Schmid, der zum Planungsstab des Stadtmuseums Stuttgart gehört, diese Ungeheuerlichkeit, als er im Jahr 2012 zusammen mit dem Historiker Olaf Schulze die Ausstellung *Prima Donna – Zur wechselvollen Geschichte einer Cannstatter Korsettfabrik* konzipierte. Dabei stießen die beiden zwar immer wieder auf Literatur, in der die Erfindung des ersten *Hautana*-Büstenhalters der Cannstatter Fabrik S. Lindauer mit Stammsitz in der Hallstraße auf das Jahr 1912 datiert wurde. »Bei unseren Recherchen haben wir aber schnell gemerkt, dass sich das genaue Datum nicht feststellen lässt – wir können nur mit Sicherheit belegen, dass die erste Werbung dafür aus dem Jahr 1914 stammt«, sagt Schulze.

Die Cannstatter Firma war – so schlossen die beiden Historiker – damit nicht die Erfinderin des BH. »Der Büstenhalter hat offensichtlich mehrere Väter und Mütter«, sagt Schmid. Christine Hardt aus Dresden, Herminie Cadolle, eine Schneiderin aus Paris, der böhmische Industrielle Hugo Schindler und Mary Phelps Jacob aus New York haben alle etwa zeitgleich Patente angemeldet. »Es war – wie beim Automobil – einfach die Zeit dafür gekommen«, sagt Schulze.

Allerdings – und das macht die Firma Lindauer zum Pionier – wurde durch den schwäbischen Juden Sigmund Lindauer, den ältesten Sohn des Firmengründers Salomon Lindauer, der Büstenhalter erstmals im großen Stil industriell hergestellt und professionell vermarktet. Gerade zur rechten Zeit. Denn dass gerade um 1900 der Weg für die Entwicklung des Büstenhalters frei gemacht wurde, verwundert nicht. Die Reformkleid-Bewegung zum Ende des 19. Jahrhunderts, welche die Gesundheit der natürlichen Körperform propagierte, und auch das Aufkommen des Frauensports sowie der Emanzipation der Frauen im Allgemeinen veränderten das Körperbild – und beförderten die Befreiung der Frau aus dem einengenden und gesundheitsschädlichen Korsett.

Alte Hautana-Werbung

Die Familie Lindauer hatte mit ihrer Cannstatter Firma nach 1883 einen wesentlichen Teil der deutschen Korsettwarengeschichte mitgeschrieben und mitbestimmt – von 1914 an prägte sie auch die Geschichte des BH. Zum geschützten Markenname *Prima Donna* für die Korsetts kam der Name *Hautana* für die BHs – und dieser entwickelte sich bald zum Oberbegriff für Büstenhalter. Selbst in die Literatur fand er Eingang: Otto Reutter schrieb um 1928 in *Der fliegende Warenhändler* folgende frivolen Gedichtzeilen: »Komm'n Damen mal in ein gewisses Alter, Ihr ›Busenfreund‹ ist dann ein Büstenhalter. Erst war'n sie platt – dann half *Hautana* ihnen – und neues Leben blüht aus den Ruinen.« Noch im Jahr 1960 widmete sich Arno Schmidt in seiner Glosse *Was soll ich tun?* dem *Hautana* und gestand ihm zu, dass er selbst graubärtige Prokuristen toll werden lasse.

Sigmund Lindauer selbst war zwar kein begnadeter Literat, aber ein guter Werber: Es lässt sich zwar nicht mit Sicherheit belegen, dass der Satz »Was der Leuchtturm für die Küste, ist *Hautana* für die Brüste« tatsächlich einer seiner Werbeslogans war. Aber Sätze wie »Natur und *Hautana* – zwei große Künstler« stammen aus seiner Zeit als Firmenchef. Er schaltete in allen nur erdenklichen Zeitschriften Anzeigen – sogar in der *Lüderitzbuchter Zeitung*, die in der Kolonie Deutsch-Südwestafrika (später Namibia) verlegt wurde. Auf diese Weise vermarktete Lindauer seine Produkte weltweit. Er wechselte dabei gekonnt zwischen den Frauenbildern seiner Zeit. So wedelt eine Skifahrerin rasant den Hang hinab. Dazu heißt es: »Bergauf. Bergab durch Wald und Feld. *Hautana* straff den Körper hält.« Aber es gibt auch die Anzeige, in der sich eine herausgeputzte Frau auf dem Sofa räkelt. Dazu heißt es: »Frauenschönheit ist Frauenmacht. Vollkommene Schönheit gibt erst *Hautana*.« Und ganz kurz und knapp. Drei Worte: »*Hautana* macht Figur.« Sigmund Lindauer starb 1935. Er wurde auf dem Uff-Kirchhof in Bad Cannstatt beigesetzt. Um die Firma nach der Machtübernahme der Nationalsozialisten vor der Zwangsenteignung zu retten, wurde sie auf den Schwiegersohn Wilhelm Meyer-Ilschen übertragen. Nach dem Krieg führte das einzige Kind von Lindauer, Marie Meyer-Ilschen, die Firma weiter mit ihrer Tochter Rosemarie Usener. 1990 wurde die Firma *Prima Donna* mitsamt den Rechten an den Marken vom belgischen Dessous-Hersteller Van de Velde in der Provinz Ostflandern eingekauft.

Ein kleiner Ausflug über die Lindauer Firmengrenzen hinaus zeigt, dass in Stuttgart und der Region die Miederwäscheindustrie generell von großer Bedeutung war. Rund 15 Firmen waren dort angesiedelt, der Industriezweig war einer der größten Arbeitgeber. Im 19. Jahrhundert gab es Jahre, in denen aus der Region eine Million Korsetts exportiert wurden. Die wahre Erfolgsgeschichte aber wurde bei Lindauer in Bad Cannstatt geschrieben. Für den schwäbischen Poeten und Spötter Thaddäus Troll waren die größten Erfindungen aus Bad Cannstatt das Auto und *Hautana*. Informationen zu *Hautana* bietet heute die Cannstatter Zweigstelle des Stadtmuseums Stuttgart.

PORTRÄT VON JUSTINUS KERNER

MEHR ÜBER DEN DICHTER UND ARZT KERNER ERFÄHRT MAN IM JUSTINUS-KERNER-HAUS /// ÖHRINGER STRASSE 3 /// 74189 WEINSBERG /// 0 71 34 / 25 53 /// WWW.JUSTINUS-KERNER-VEREIN.DE ///

JUSTINUS KERNERS WURSTIGES WUNDERMITTEL
Botox – Justinus-Kerner-Haus Weinsberg

In Württemberg gab es Ende des 18. und Anfang des 19. Jahrhunderts zahlreiche Krankheitsfälle, die oft mit dem Tode des Erkrankten endeten. Die Betroffenen litten laut Beschreibungen der Ärzte an Bauchbeschwerden, »einer würgenden Empfindung im Kehlkopfe«, Heiserkeit, einem »kropartigen Husten« sowie »einem besonderen Gefühl der Vertrocknung von Mund und Schlund, Augenlidern, Handflächen und Fußsohlen«. Eines hatten alle Patienten gemeinsam: Sie hatten zuvor Wurst gegessen.

Der Dichter und Mediziner Justinus Kerner, der im Jahr 1815 Unteramtsarzt in Welzheim war, beobachtete und dokumentierte in Kaisersbach einen Vergiftungsfall und obduzierte später die Leiche. Bis 1820 sammelte er weitere Fallbeispiele, dann erschien seine Monografie *Neue Beobachtungen über die in Württemberg so häufig vorfallenden tödlichen Vergiftungen durch den Genuss geräucherter Würste*. Nach einem Umzug nach Weinsberg versuchte er, das Wurstgift künstlich herzustellen. Seine Ergebnisse veröffentlichte er in der Monografie *Das Fettgift oder die Fettsäure*. Darin beschrieb er die Symptomatik sowie die Ursachen der Krankheit, schlug Heilungsmethoden vor und empfahl Präventivmaßnahmen. Zwar hat er nicht das giftproduzierende Bakterium identifiziert – dies gelang erst Emile Pierre Marie van Ermengem 1897 –, aber Kerner hat als Erster über den therapeutischen Nutzen von Botox spekuliert. Er schlug vor, das Fettgift bei Muskelverspannungen zu nutzen. Er schreibt: »Die Fettsäuren in solchen Gaben gereicht, dass ihre Wirkung auf die Sphäre des sympathischen Nervensystems hauptsächlich beschränkt bliebe, möchte in den vielen Krankheiten, die aus Aufreizung des Systems entstehen, von Nutzen sein.«

Kerner erwies sich damit als Visionär: Botulinumtoxin ist heute ein Therapeutikum für Bewegungsstörungen. Auch die kanadische Augenärztin Jean Carruthers behandelte damit 1987 eine Patientin wegen unkontrollierbarem Augenzucken, als ihr die faltenglättende Wirkung von Botox auffiel, für die die Substanz bekannt wurde. Auf Kerners Spuren kann man in seinem Weinsberger Wohnhaus wandeln.

THEODOR BELTLE UND DIE LIMO FÜR ALLE
Brausepulver – Frigeo-Werk Remshalden

A wie Anfang: Ursprünglich war die Ahoj-Brause ein »Brauselimonadenpulver für alle Bevölkerungsschichten«. So vermarktete der schwäbische Kaufmann Theodor Beltle seine Erfindung von 1925: Er hatte mit Natron, Weinsäure und Wasser experimentiert und festgestellt, dass dabei Kohlensäure entsteht. Das Brauselimonadenpulver kam gut an – nicht nur als Getränk. Bald schon benetzten Kinder ihre Finger mit Spucke, steckten sie in die Brausetütchen und schoben sie sich dann in den Mund. Zisch! Im Jahr 2001 verfielen Erwachsene der Idee, sich die Brause in den Mund zu kippen und einen Wodka hinterherzutrinken. **H wie Himalaja:** Weder Kinder noch Partygänger hatte der Erfinder und die von ihm gegründete *Friedel Frigeo GmbH* mit Sitz in Remshalden als Zielgruppe vor Augen, vielmehr sollten Wanderer sich die Schlepperei von Limoflaschen ersparen. Das Tütchen wiegt nur 5,8 Gramm. 1964 hatte eine deutsche Himalaja-Expedition Ahoj-Brause im Gepäck. **O wie Oskar:** Die beste Werbung erfuhr das Pulver durch eine Szene in Günter Grass' *Blechtrommel*: Als der kleine Oskar das himbeerfarbene Brausepulver in die Bauchnabelkuhle von Maria sickern lässt, Speichel dazugibt, seine Zunge in den Krater versenkt, macht er das ansonsten zutiefst deutsche Produkt auch über die Landesgrenzen hinaus bekannt. **J wie Ja, warum eigentlich »Ahoj« statt »Ahoi«?** Auf der Verpackung, die seit Jahrzehnten fast unverändert daherkommt, lächelt ein blauer Matrose. Wieso ein Matrose – und wieso »Ahoj« mit »j«? Verrät der von Beltle gewählte Name »Ahoj« schlicht eine gängige Assoziationskette: Brause – Wasser – Schiff – Matrose – »Ahoj«? Und hat das »j« etwas damit zu tun, dass »ahoj« im Tschechischen »hallo« heißt? Das wird Beltles Geheimnis bleiben. Dieser starb 1989 und erlebte nicht mehr mit, dass bei *Frigeo* der Absatz um die Jahrtausendwende einbrach und die Firma 2002 von *Katjes* übernommen wurde. 100 Millionen Tüten Brausepulver laufen seither Jahr für Jahr vom Band. Brause Ahoj!

CHRISTIAN-FRIEDRICH-SCHÖNBEIN-BÜSTE /// KREUZUNG SCHÖNBEIN- UND EISENBAHNSTRASSE (BEI KREISSPARKASSE) /// 72555 METZINGEN ///

CHRISTIAN SCHÖNBEINS NEUE ENERGIE
Brennstoffzelle – Schönbein-Büste

Bereits 1870 schrieb Jules Verne euphorisch: »Die Energie von morgen ist Wasser, das durch elektrischen Strom zerlegt worden ist. Die so zerlegten Elemente des Wassers, Wasserstoff und Sauerstoff, werden auf unabsehbare Zeit hinaus die Energieversorgung der Erde sichern.« Mit fast 160-jähriger Verspätung könnte diese Vision nun langsam Realität werden; nach langem Hin und Her sind zurzeit die ersten serienmäßig hergestellten Brennstofffahrzeuge und -heizungen auf dem Markt, und das Wasserstoffzeitalter beginnt endlich. Unstreitig ist der mit der Kombination von Brennstoffzelle und Elektromotor erzielte Wirkungsgrad wesentlich höher als der eines Verbrennungsmotors, und keinen Rohstoff gibt es auf der Erde in größerer Menge als Wasserstoff. Gelänge die Wasserstoffherstellung beispielsweise mit Wind- oder Solarenergie, wäre der komplette Prozess emissionsfrei und kaum kostenintensiv. Perspektivisch würden Großkraftwerke und Hochspannungsleitungen überflüssig, Autos führen lärmfrei und ohne Abgase, und jedes Haus könnte seinen eigenen Strom erzeugen. Was die wenigsten wissen: Die all dem zugrunde liegende Erfindung ist bereits recht alt und stammt von einem Schwaben.

Es war 1838, als der gebürtige Metzinger Chemiker Christian F. Schönbein die Brennstoffzelle erfand. Der Sohn eines Färbers stammte aus kleinen, pietistisch geprägten Verhältnissen. 1812 wurde er Lehrling in einer pharmazeutischen Fabrik in Böblingen. Nach sieben Jahren Tätigkeit ging er nach Stuttgart, um sich bei dem berühmten Naturforscher und Chemiker Carl F. Kielmeyer prüfen zu lassen. Daraufhin wurde er Direktor eines kleinen Chemiewerkes bei Erlangen. 1820 nahm er hier ein Studium auf und lernte dabei Justus Liebig und Friedrich Wilhelm Schelling kennen. Letzterer finanzierte dann das Studium des hochbegabten Schwaben.

Nach einigen Zwischenstationen, unter anderem an der Sorbonne in Paris, wurde Schönbein im Alter von 29 Jahren Professor ohne Titel an der Universität Basel. Hier befasste er sich mit Isomerie und chemischer Passivität, und diese Forschungsarbeiten legten dann den Grundstein seiner größten Erfindung, des Prinzips der Brenn-

Brennstoffzelle

stoffzelle (Schönbein ist daneben unter anderem der Entdecker des Ozons und der Schießbaumwolle). Die revolutionäre Entdeckung beruhte auf einem recht einfachen Experiment: Zwischen zwei Platindrähten, die er in Salzsäure mit Wasserstoff beziehungsweise Sauerstoff tauchte, entstand eine elektrische Spannung – auf diese chemische Weise ließ sich also theoretisch Strom gewinnen. Ein Jahr danach veröffentlichte er sein Forschungsergebnis, das europaweit rasch Furore machte, ehe es später zunehmend wieder in Vergessenheit geriet, insbesondere wegen Werner von Siemens' Dynamomaschine aus dem Jahr 1868, die wesentlich leichter Strom zu liefern versprach. Erst in den 1950er-Jahren wurde Schönbeins Idee in den USA wieder aufgegriffen, insbesondere bei den Apollo-Mondmissionen der 1960er leisteten Brennstoffzellen einen wichtigen Beitrag.

Seit 1848 gehörte der burschenschaftlich-konservativ geprägte Schönbein auch als Politiker dem Basler Kantonsparlament an. Seine Forschungstätigkeit war ungewöhnlich weit gespannt: 1838 prägte er den Begriff der Geochemie, entdeckte ein Jahr später das Ozon, befasste sich ebenso mit Fragen der Haltbarkeit von Lebensmitteln wie mit den roten Blutkörperchen, dem Harn und diversen Pilzen oder den stickstoffhaltigen Verbrennungsprodukten der Luft. 1846 wäre

Brennstoffzelle – Schönbein-Büste

er beinahe auch noch Rüstungsunternehmer geworden, als er bei der Erforschung der Salpetersäure feststellte, dass durch ihre Umsetzung mit Baumwolle ein interessanter Stoff entsteht, den er »Schießbaumwolle« nannte. Er wollte ihn gemeinsam mit Investoren in großem Maßstab produzieren, als Ersatz für Schießpulver, doch die Gefahr von Spontanexplosionen war zu dieser Zeit noch nicht beherrschbar, sodass der Plan fallen gelassen wurde. Selbst für Krimifans ist Schönbein interessant: Er entwickelte 1863 aus Wasserstoffperoxid den ersten Test zum Nachweis von Blut, medizinisch wie kriminologisch bedeutend. Schönbein starb 1868 während einer Wildbad-Kur in der alten Heimat, auf einem Tagesausflug nach Baden-Baden. Er wurde zu Lebzeiten und auch später viel geehrt und war unter anderem Ehrendoktor der Universitäten Basel, Freiburg und Tübingen. In Leverkusen, Metzingen, Heilbronn und Basel sind Straßen nach ihm benannt, die Schweizer Post brachte ihm zu Ehren eine Briefmarke heraus, im Basler Museum an der Augustinergasse (heute Naturhistorisches Museum Basel) schmückte bereits 1879 seine Büste die Aula ...

Umso erstaunlicher ist der lange Zeit stiefmütterliche Umgang mit seiner bedeutendsten Erfindung. Noch auf der ihm zu Ehren errichteten Büste in seiner Geburtsstadt Metzingen (an der Kreuzung von Schönbein- und Eisenbahnstraße) am Fuße der Schwäbischen Alb steht so schlicht wie ausschließlich: »Entdecker des Ozons«.

Ähnlich wie im Fall der Wind- und Solartechnologie oder der Trinkwassergewinnung aus Meerwasser war es wohl eine komplexe Mischung aus politischen und ökonomischen Faktoren, die in den letzten 50 Jahren einen Durchbruch der Zukunftstechnologie Brennstoffzelle verhindert hat, wobei insbesondere die geballte Lobbymacht der Öl-, Strom- und Atomindustrie zu nennen ist. Die Argumente sind immer dieselben: zu teuer und ineffektiv seien diese Technologien. Tatsächlich sind sie wohl nur für Großinvestoren nicht allzu lohnend. Erst die weltweite Debatte um die globale Erwärmung schuf ein geeignetes politisches Klima, um Schönbeins Entdeckung wieder auf die Agenda der Konzerne und politischen Entscheidungsträger zu heben.

ALTES LADENSCHILD IN BREZELFORM
ÜBER DIE GESCHICHTE DER BREZEL INFORMIERT
DAS MUSEUM DER BROTKULTUR /// SALZSTADELGASSE 10 ///
89073 ULM /// 07 31 / 6 99 55 /// WWW.MUSEUM-BROTKULTUR.DE ///

BÄCKER FRIEDERS VERSCHLUNGENE ARME
Brezel – Museum der Brotkultur Ulm

Wer hat's erfunden? Natürlich die Schwaben. Wenngleich die Schweizer, die Preußen und die Bayern Ansprüche erheben. Doch eine richtige Brezel kommt aus Württemberg, wie im Brot-Museum in Ulm zu sehen ist. Keine Frage. Auch wenn die Nachahmer nicht davor zurückschrecken, sich bei der EU das Urheberrecht zu erschleichen. Doch der Reihe nach. Zunächst wären da die Schweizer. Im Kloster St. Gallen sollen die verschränkten Arme der Mönche einen Bäcker zum Erfinden der Brezel angeregt haben. Eine andere Erklärung kommt aus Brandenburg. Dort will ein Historiker herausgefunden haben, dass die Wiege der Brezel im Dörfchen Protzel liege. Der Name lege nahe, die Slawen hätten dort Brezeln gebacken. Dann sind da die Bayern. Sie haben das Weißbier erfunden, die Weißwurst – und die Brezel. So glauben sie. Bei der EU wollten sie sich den Begriff schützen lassen. Man hat ihnen gesagt, dass sie das durchaus tun können, für ihre Backwaren mit den weichen Armen, aber keinesfalls die Urheberschaft für die schwäbische Brezel beanspruchen dürfen.

Denn die hat der Uracher Bäcker Frieder erfunden. Der war im 15. Jahrhundert Hofbäcker des Grafen Eberhard und hatte über seinen Herrn gelästert. Weil der recht dünnhäutig war, ließ er den Frieder in den Kerker werfen. Die Strafe lautete: Kopf ab! Es sei denn, Frieder erfinde ein Gebäck, durch das dreimal die Sonne scheint – und das dem Grafen mundet. Drei Tage blieben ihm Zeit. Frieder hirnte und buk. Schließlich sah er seine Frau an der Tür stehen, die Arme vor dem Körper verschränkt. Er formte eine Schlinge aus Hefeteig und bildete ihre Arme nach. Voilà, da war das Gebäck, durch das dreimal die Sonne schien. Doch eine Katze warf das Blech um. Die Brezeln fielen in einen Eimer mit heißer Lauge. Was tun? Er formte die Brezeln neu, schob sie in den Ofen, bestreute sie mit Salz – und servierte sie. Der Graf war begeistert. Und gab dem Gebäck den Namen »Brazula«, die verschlungenen Hände. Daraus wurde die Brezel, die original schwäbische Brezel.

KARL NESSLERS HAARIGE ERFINDUNGEN
Dauerwelle – Nessler-Ausstellung im Kulturhaus Todtnau 9

Viele Erfinder hatten außer (oft reichlich spätem) Nachruhm nicht viel von ihren Ideen. Einige wenige jedoch machten Millionen damit. Aber das Glück ist keine Einbahnstraße, und oft liegen Erfolg und Scheitern ziemlich nahe beieinander. Ein Beispiel hierfür ist Karl Nessler, der Erfinder der Dauerwelle, der künstlichen Augenbrauen und der künstlichen Wimpern. Sein Leben verlief wie ein Roman, allerdings einer, den jeder für unglaubwürdig halten würde, hätte ihn sich ein Schriftsteller ausgedacht. Geboren 1876 in Todtnau im Schwarzwald, erfuhr Nessler von Anfang an, dass es keineswegs immer die geraden Wege sind, die zum Erfolg führen. Was es braucht, ist Beharrlichkeit, und die hatte Nessler wie kaum ein Zweiter.

Seine Geschichte begann mit einem Großbrand: Am 19. Juli 1876 wurde die Schwarzwald-Stadt Todtnau fast völlig zerstört, auch die Familie Nessler verlor ihr gesamtes Hab und Gut. Karl interessierte sich seit seiner Schulzeit für das menschliche Haar, weit mehr wohl als sein erster Friseurmeister, mit dem sich der unruhige Geist überhaupt nicht verstand; nach wenigen Monaten brach er seine Lehre ab und schlug sich zuerst in Waldshut und dann in der Schweiz durch. In einer Uhrenfabrik in Aarau verdiente er als Arbeiter einigermaßen. Nach Feierabend setzte er das Studium des menschlichen Haares fort. Er lebte sehr unstet, mal in Basel, dann in Mailand und in Genf. Um endlich einen Beruf zu erlernen, entschloss er sich, in der mondänen Stadt am Genfer See erneut eine Friseurlehre zu beginnen. Hier arbeiteten die Friseure in Frack und Zylinder, und Karl nannte sich ab jetzt Charles. Endlich selbst Friseur, wagte er den Schritt nach Paris, ins Zentrum der Modewelt. Dort lernte er seine spätere Frau Katharina kennen.

Die beinahe schon fixe Idee, Haar dauerhaft zu wellen, wurde zu seiner Obsession. Er experimentierte ständig und begann, eine alkalische Borax-Lösung einzusetzen, um die Haarstruktur aufzubrechen, sodass die Haare die Form der von ihm konstruierten Metallwickler besser annehmen konnten. Sein Friseurgeschäft lief einigermaßen. Im Jahre 1904 brachten seine ersten Erfindungen etwas Geld in die Kas-

Echte Nestle Lanoil-Dauerwellen

...pflegen das Haar, sind garantiert haltbar im Regen und beim Waschen ärztlich begutachtet! Hier zu haben!

Alte Dauerwellen-Werbung

se: künstliche Augenbrauen und Wimpern. Das Geld, das so hereinkam, steckte er in weitere Versuche am Haar. Irgendwann dachte er, er sei fertig. Katharina erklärte sich bereit, Versuchskaninchen zu spielen, was sie bald bereute: Er hielt eine selbst konstruierte Hitzezange an metallene Wickler, die er strahlenförmig in ihr Haar geflochten hatte, sie schrie vor Schmerzen. Trotz Brandblasen und versengten Haaren war nach dem Versuch zu erkennen, dass es funktionieren konnte. Aber Nessler war klug genug, mit der Erfindung noch nicht an die Öffentlichkeit zu treten, es gab noch einiges zu verbessern, ehe man sein Verfahren Kundinnen zumuten konnte. Inzwischen übernahm er eine leitende Stellung in einem renommierten Friseursalon in London und heiratete seine Freundin. Um seinen Nachnamen französisch klingen zu lassen, änderte er ihn in Nestlé. Er kündigte schließlich und versuchte in einem kleinen Salon neben der alltäglichen Friseurarbeit Kundinnen für seine Dauerwellen zu finden. Der Erfolg hielt sich in Grenzen.

Am 8. Oktober 1906 war es endlich so weit: Nessler, inzwischen 32 Jahre alt, wagte sich mit seiner Erfindung an die Öffentlichkeit. In mehreren Anzeigen in Fachzeitschriften lud er Kollegen ein, das neue Verfahren zu besichtigen. Selbstverständlich lehnten sämtliche anwesenden Friseure seine Dauerwelle als Unfug ab. Aber Nessler gab nicht auf, noch im selben Jahr gründete er eine Firma. 1908 ließ er sich den Dauerwellenapparat patentieren und vergab bald recht lukrative Lizenzen, in den USA sollen massenhaft Raubkopien seiner Erfindung kursiert haben. Dann kam der Erste Weltkrieg, und London war nicht mehr der geeignete Ort für einen Deutschen: Nessler kam in ein Internierungslager. Sein Geschäft wurde beschlagnahmt und später als Feindeseigentum versteigert. Ihm gelang die Flucht aus dem Lager.

Als »Mr. Miller« floh er auf einem Dampfer nach New York. Dies erwies sich als Glücksfall: Er hatte bald 500 Angestellte. 1928, auf dem Höhepunkt seines Erfolgs, verkaufte er sein Locken-Imperium und die Patente für stolze 1,5 Millionen Dollar. Der 52-Jährige wollte sich nun nur noch weiteren Haarstudien widmen und hatte sich zu diesem Zweck ein kleines Labor eingerichtet.

Doch als Rentier war er nicht allzu begabt: Er legte seinen Gewinn in Aktien an und verlor am schwarzen Freitag 1929 fast sein gesamtes Vermögen. Als dann auch noch im selben Jahr sein Haus und das Labor abbrannten, war seine große Zeit als Unternehmer vorbei.

Nessler veröffentlichte zwei Bücher über seine Haarexperimente, aber seine nächste Erfindung floppte, obwohl er auf sie die größten Hoffnungen gesetzt hatte – ein Gerät, das die Kopfhaut pflegen und den Haarwuchs fördern sollte. Den Trägern unfreiwilliger Glatzen könnte so geholfen werden, dachte er. Doch die Erfindung fand keinen Absatz, weil sie schlicht nicht funktionierte. Enttäuscht und verbittert zog Nessler sich vom öffentlichen Leben zurück. Vereinsamt starb er vier Jahre nach seinem endgültigen unternehmerischen Scheitern im Alter von 77 Jahren in New Jersey.

Immerhin, Todtnau hatte seinen berühmtesten Sohn nicht vergessen. Die Stadt ließ bald nach seinem Tode in der Lindenstraße eine Gedenktafel anbringen und benannte eine Straße nach ihm. Und zum Hundertjährigen der Erfindung der Dauerwelle hat die Gemeinde 2006 eine Ausstellung eröffnet, die den Friseurmeister und Erfinder ehrt: Die Geschichte der künstlichen Lockenpracht ist in der Nessler-Ausstellung zu bestaunen, die passenderweise wie ein Friseursalon eingerichtet ist.

CONRAD MAGIRUS IST VATER DER FEUERWEHR

Drehbare Feuerwehrleiter – Haus der Stadtgeschichte Ulm

Er war der Vater der modernen Feuerwehr. Der Ulmer Conrad Dietrich Magirus baute nicht nur Geräte, er organisierte auch die Wehren so, dass sie zügig und durchdacht Brände bekämpfen konnten. Dabei war er eigentlich Kaufmann. Und Turner. Die Ulmer Turner durften ihre Übungen im Winter 1846 im Werkhof machen. Dort lagerten Geräte, Bauholz und Feuerspritzen, die die Bürger bei Bränden zum Löschen nutzten. Auch die Turner bedienten eine Feuerspritze. Später wurden sie mit dem Handhaben des Rettungstuchs betraut. Schließlich schlugen die Turner dem Stadtrat vor, man solle ein »Pompiers-Corps« einrichten, ein Feuerwehrkorps. Das waren die Vorläufer der freiwilligen Feuerwehr. Doch warum die Turner? Nun, sie waren geschickt und kräftig, konnten in Häuser und auf Dächer klettern, um Menschen zu retten und Brände zu löschen.

Magirus wurde 1848 Vorstand der Turner und damit auch Kommandant der freiwilligen Feuerwehr. 1850 erschien sein Buch *Alle Theile des Feuerwehrwesens*. Darin schreibt er: »Nach so vielen und so traurigen Erfahrungen ist es unbegreiflich, wie sich die Löschanstalten in so mangelhaftem Zustand erhalten konnten […] die Frage muss zur Klärung kommen: Sind die Schwierigkeiten wirklich so groß, dass jeder Versuch scheitern muss, oder ist es möglich durch richtige Maßregeln und Ausdauer das zu erreichen was Noth tuth.« Er erläuterte seine Taktiken zum »Angriff des Feuers« und welches Werkzeug vonnöten sei.

Das Buch erregte Aufsehen. Magirus reiste im Auftrag des württembergischen Innenministeriums nach London und Paris, um neue Geräte zu finden. Alsbald gründete er die *Feuerwehr-Requisiten-Fabrik C. D. Magirus*. Er baute die *Ulmer Leiter*, eine zweirädrige Schiebleiter mit einer Höhe von bis zu 14 Metern, die man auch bewegen konnte, wenn sie ausgezogen war. Neuheit auf Neuheit folgte: Die *Elevator-Patent-Leiter*, die durch eine Seilwinde ausgezogen wurde, die Petroleum-Motorspritze, die erste Elektro-Drehleiter. Die Feuerwehr war Magirus' Lebenswerk, mehr über ihn kann man im Ulmer Haus der Stadtgeschichte erfahren.

DER BLITZGESCHEITE ARTUR FISCHER

Dübel – Fischer Museum Waldachtal-Tumlingen (11)

Diese Erfindung ist ein Stück der Familiengeschichte. Mein Opa Adolf Rothfuß drechselte Holz und Wörter, er lebte im Schwarzwald, war ein recht bekannter Bildhauer und Heimatdichter. Und wie das so ist in den engen Schwarzwaldtälern – man läuft sich immer mal wieder über den Weg. So kannte mein Großvater natürlich auch den Erfinder, Firmengründer und Unternehmer Artur Fischer. Und als sie sich in den 60er-Jahren bei einer Veranstaltung trafen, führte Fischer meinen Opa in einen Nebenraum und präsentierte ihm seine neueste Erfindung: kleine graue Plastikteile, fantasievoll verschraubt. Die Fischertechnik. Es war als Geschenk für treue Kunden gedacht, mauserte sich aber zu dem Spielzeug für angehende Ingenieure schlechthin. Doch das war nur eine der Erfindungen Fischers. 1.100 Patente und Gebrauchsmuster hatte er inne.

Geboren wurde Fischer an Silvester 1919 in Tumlingen im Schwarzwald, sein Vater war Schneider, er lernte Bauschlosser. Nach dem Krieg machte er aus Schrott elektrische Feueranzünder, weil es kaum Streichhölzer gab. Berühmt wurde er 1958 durch das Patent mit der Nummer 109 71 17, den Fischer-Dübel, einen Spreizdübel aus Polyamid, der sich mit seinen Sperrzungen im Mauerwerk festkrallt und nicht durchdreht. Die passende Erfindung für den Wiederaufbau. Weniger bekannt ist ein weiterer Geistesblitz: Fischer hat auch das Blitzlichtgerät für den Fotoapparat erfunden. 1949 war seine Tochter Margot gerade auf die Welt gekommen, er wollte ein Foto von seiner jungen Familie machen lassen. In der Wohnung. Doch das damals gebräuchliche Prinzip, Licht zu erzeugen – das Abfackeln von Magnesium – erschien ihm zu umständlich. Er wollte zudem seine Wohnung nicht in Brand setzen. Da musste es doch eine bessere Lösung geben, dachte Fischer. In der Tat. Und er fand sie. Das Blitzlichtgerät eben. Auch der Blitzwürfel stammt von ihm. Er war wahrlich blitzgescheit, der Fischer.

HEINRICH HERTZ' GENIESTREICH
Elektromagnetische Wellen – ZKM Karlsruhe

Das Zeitalter der neuen Mobilität von Gütern und Dienstleistungen hat begonnen. Mit diversen drahtlosen Kommunikationstechnologien können Informationen ohne Materialeinsatz große Wege zurücklegen, räumliche und zeitliche Distanzen verlieren an Bedeutung, und Information – etwa zum Herstellen von Produkten am 3-D-Drucker – wird überall verfügbar. Von den sozialen Netzwerken bis hin zum allgegenwärtigen Smartphone: Das Virtuelle ist heute längst Teil unserer Realität. Nirgendwo kann man sich die rasante Entwicklung auf diesem Feld so gut vor Augen führen wie am Zentrum für Kunst und Medientechnologie (ZKM) in Karlsruhe mit seinen zahlreichen Ausstellungen. Einmal da, sollte man auch an den Mann denken, mit dessen bahnbrechender Entdeckung im Jahr 1888 eben hier in Karlsruhe all diese Entwicklungen ihren Anfang nahmen. Die Rede ist von Heinrich Hertz.

Nicht jeder Erfinder profitierte zu Lebzeiten von seinen Entdeckungen, und der 1857 geborene Hertz, einer der bedeutendsten Physiker des 19. Jahrhunderts, ist vielleicht das beste Beispiel dafür. In seiner gerade einmal vierjährigen Karlsruher Zeit initiierte er gleich zwei physikalische Revolutionen, die man noch heute als Grundsteinlegung *der* Zukunftstechnologien schlechthin einstuft: der Telekommunikation und der Solartechnologie. Hertz starb aber so jung, dass er weder den ihm zustehenden Nobelpreis erhalten hat noch den technischen Erfolg seiner Entdeckungen erlebte.

Er selbst glaubte übrigens nicht an einen praktischen Nutzen seiner Karlsruher Grundlagenforschung. Als primär theoretisch interessierter Physiker war der Hamburger Sohn einer wohlhabenden jüdischen Familie im Kontakt mit Einstein und spielte eine bedeutende Rolle bei dessen späterer Formulierung der Lichtquantenhypothese. Auch bewies er seine herausragende Geisteskraft an Problemen wie der elastizitätstheoretischen Berechnung der Spannungen beim Druckkontakt gekrümmter Flächen. Mit seinem Nachweis der elektromagnetischen Wellen ermöglichte der bereits mit 23 Jahren bei Hermann von Helmholtz in Berlin promovierte Physiker das Radio, und

Ohne elektromagnetische Wellen kein Telefon und Internet

seine Forschungen zum Fotoeffekt legten den Grundstein der Solartechnologie. Sein Assistent Wilhelm Hallwachs setzte nach Hertz' Tod dessen Arbeiten fort und konnte als Erster zeigen, dass sich eine Metallplatte durch Bestrahlung mit einer Lichtbogenlampe elektrisch aufladen ließ. Auch die ersten Arbeiten mit Kathodenstrahlen gehören zu den bahnbrechenden Leistungen des Experimentalphysikers Hertz.

Noch zu Lebzeiten weltberühmt aber machte das physikalische Genie seine Entdeckung der elektromagnetischen Wellen – gerade weil ihre Bedeutung so groß, die dafür notwendige technische Ausstattung aber bescheiden war: ein unterbrochener Metallstab mit sogenannten »Funkenkugeln« als Sender und ein einfacher Drahtring mit einer kleinen Unterbrechung als Empfänger. Am 11. November 1886 gelang ihm damit in seinem Karlsruher Labor die erste Übertragung eines Impulses vom Sender zum Empfänger – zugleich der Nachweis, dass sich elektromagnetische Wellen auf die gleiche Art und mit der gleichen Geschwindigkeit ausbreiten wie Lichtwellen. Genau so hatte es der Brite James C. Maxwell 20 Jahre zuvor in seiner elektromagnetischen Theorie des Lichts vorhergesagt. Mit dem so simplen wie genialen Experiment war die Grundlage für die Entwicklung des Radios und der drahtlosen Telegrafie geschaffen, die nun binnen weniger Jahre abgeschlossen war – im Falle des Radios im Jahr 1895. Die ersten beiden in St. Petersburg übertragenen Worte der Geschichte waren »Heinrich« und »Hertz«! Zu Recht, mit dessen Entdeckung war der Anfangspunkt der technischen Entwicklungen gesetzt, die heute die Mobilität der Information gewährleisten; bis hin zu Smartphone und WLAN gilt: Jedwede funkgestützte Kommunikation verwendet elektromagnetische Wellen zur Informationsübertragung!

Freilich hatte Hertz' Entdeckung eine Vorgeschichte: Seitens der Berliner Akademie der Wissenschaften war nach Maxwells Vorhersagen ein Preis für deren Nachweis ausgelobt worden. Deswegen hatte sich Hertz bereits als Student in den späten 1870ern ausgiebig mit der Theorie des Briten beschäftigt. Ausgangspunkt seiner Arbeit war die zufällige Beobachtung, dass bei Entladungsversuchen an einer in der Nähe liegenden Spule kleine Funken übersprangen, die er als elektrische Resonanzerscheinungen deutete. Am Ende vieler Experimente konnte er mit einem selbst gebastelten Funkenempfänger die elektromagnetischen Wellen eines kleinen Senders bis auf 20 Meter Entfernung nachweisen. 1889 veröffentlichte Hertz seine Entdeckung und wurde schlagartig weltberühmt. Für die aufstrebende Technische Hochschule Karlsruhe, an der er seit 1885 lehrte, war der junge Forscher so etwas wie ein Hauptgewinn. Umgekehrt war die Zeit in Nordbaden auch für den damals erst 28-Jährigen ein Glücksfall: Wegen des konjunkturellen Einbruchs in den späten 1880ern hatte er nur wenige Studenten – und damit viel Zeit für seine Forschung. Zudem fand er hier die Frau fürs Leben, Elisabeth Doll.

Hertz, Vater zweier Töchter, wäre ein sicherer Anwärter auf den Nobelpreis gewesen. Doch er erlebte nicht einmal dessen Stiftung im Jahr 1901. Nach vier Jahren in Karlsruhe nahm er 1889 einen Ruf als Professor für Physik an die Friedrich-Wilhelms-Universität in Bonn an. Hier wurde bei ihm Morbus Wegener diagnostiziert; die überaus seltene Erkrankung bewirkt Entzündungen der Gefäße, absterbende Zellen und Knoten in Nase, Nasennebenhöhlen, Mittelohr und in der Lunge. Nach zweijährigem Leiden starb Hertz im Alter von nur 37 Jahren am Neujahrstag 1894. Ihm zu Ehren wurde 1930 das physikalische Maß der Frequenz »Hertz« (Hz) benannt.

VERKEHRSMUSEUM /// WERDERSTRASSE 63 ///
76137 KARLSRUHE ///

KARL DRAIS' ERFINDUNGSREICHES LEBEN
Fahrrad – Verkehrsmuseum Karlsruhe

13

Das ehrenamtlich betriebene Verkehrsmuseum Karlsruhe ist insbesondere zwei Erfindern gewidmet: zum einen Karl Benz, zum anderen Karl Freiherr Drais von Sauerbronn. Auf ihn geht eine der bedeutendsten Erfindungen zurück – und eine der wenigen, die mit den Jahren immer bedeutender wurden: das Fahrrad. Heute sagen Experten, es sei das Verkehrsmittel der Zukunft. Dafür spricht, dass es mit gut 69 Millionen Rädern in Deutschland praktisch in jedem Haushalt eines gibt und seine Anschaffungskosten vergleichsweise gering sind, seine mögliche Nutzungsdauer aber hoch ist (viel länger als die eines Autos). Zudem ist es praktisch emissionsfrei. Da mehr als die Hälfte der heute in einer Stadt zurückgelegten Wege weniger als fünf Kilometer lang sind und die durchschnittliche Zahl der Insassen eines Pkw bei etwas über eins liegt, sind die Vorteile des Fahrrads nicht wegzureden. Spätestens mit der zunehmenden Verbreitung der Elektrofahrräder bleiben eigentlich nur noch zwei Gegenargumente: der Volkssport Fahrraddiebstahl in den Großstädten und das hiesige Wetter. Da es in Zukunft kaum darum gehen wird, das Auto zu ersetzen, sondern lediglich darum, unnötige Autofahrten zu reduzieren, und da das Fahrrad keinen der Nachteile des ÖPNV teilt – teuer, unflexibel, Kontakt mit unliebsamen Mitmenschen –, gehört die Zukunft der individuellen Mobilität wohl dem Drahtesel (übrigens eine seltsame Bezeichnung, denn mit Draht war da von Anfang an wenig, dafür umso mehr mit Holz).

Der direkte Vorgänger des Rads, das Laufrad (nach seinem Erfinder »Draisine« und bei der Patentanmeldung 1817 »Vélocipède« genannt), ist neben dem Automobil wohl die bedeutendste Erfindung aus Baden-Württemberg. Dabei verlief seine Geschichte sehr wechselhaft: Nach einem ungeheuren, aber kurzen Boom im Anschluss an Drais' Erfindung geriet das Laufrad bald wieder in Vergessenheit, denn die Faszination der Zeitgenossen galt nun der aufkommenden Eisenbahn, mit der man im Unterschied zum Laufrad auch größere Entfernungen überwinden konnte. Doch im Zuge der Industrialisierung entstanden in der zweiten Hälfte des 19. Jahrhun-

Draisine

derts neue Laufmaschinen, die bald mit Pedalantrieb ausgerüstet waren: Das Fahrrad im heutigen Sinne war geboren und verbreitete sich rasant. Die Bezeichnung »Fahrrad« hingegen setzte sich erst in der Weimarer Republik durch, als die Zweiräder im Straßenbild längst alltäglich waren.

Die eigentliche Erfindung stammt vom badischen Freiherrn und Forstlehrer Karl von Drais. Seine frühe »Laufmaschine« hieß bald überall »Draisine«, um den Erfinder zu ehren, der auch noch einen Klavierrekorder, der Tastendrücke auf Papierband aufzeichnete, erfunden hatte, des Weiteren für seinen erblindenden Vater die erste Tastenschreibmaschine für 25 Buchstaben, das sogenannte »Schreibclavier«. Später, als sein Vater wieder halbwegs sehen konnte, konstruierte Drais eine Schreibstenografiermaschine, die einen Lochstreifen stanzte. Sie hatte 16, teilweise doppelt besetzte Tasten in 4 × 4-Anordnung und war ein wichtiger Schritt auf dem Weg zu den ersten Computern. Schließlich erfand er noch einen Holzsparherd, einen der frühesten transportablen Herde, die sogenannte »Kochkiste«.

Wie viele andere der hier gewürdigten Erfinder war auch Drais, obwohl verbeamtet, ein unruhiger, ja revolutionärer Geist und früher Demokrat – und wie die meisten bedeutenden Erfinder hatte er materiell herzlich wenig von seinen Ideen. Immerhin stellte ihn der Herzog im Zuge seines größten Erfolgs 1818 vom Dienst als Forstlehrer frei und ernannte ihn zum Professor für Mechanik, sodass er zeitweise sein Gehalt als eine Art Erfinderprovision weiterbezahlt bekam.

Es war 1813, als Drais einen Wagen mit vier Rädern entwickelte, der zunächst über eine Tretmühle, dann über eine Kurbelwelle zwischen den Hinterrädern verfügte und den er »Fahrmaschine« nannte. Die Konstruktion dieses ersten technischen Fortbewegungsmittels, das auf den Einsatz von Eseln, Ochsen oder Pferden verzichtete, war eine echte Revolution und schien wegen der seit 1812 rapide steigenden Tierfutterpreise auch ökonomisch geboten. Bestechend aktuell wurde die neue Technik durch die katastrophalen Ernteausfälle des »Jahrs ohne Sommer«, das, ausgelöst durch den Ausbruch des indonesischen Vulkans Tambora, im Jahr 1816 die erste Klimakatastrophe der Moderne brachte: Im Juni schneite es in Süddeutschland wie auch in den USA mehrfach, es war das ganze Jahr über ungeheuer kalt, und fürchterliche Unwetter verheerten das Land. Infolge der Missernten wurde 1817 das schrecklichste Hungerjahr in der Geschichte der westlichen Welt. Insofern war Drais' Erfindung diejenige, die von allen hier aufgelisteten am schnellsten Furore machte (aber auch am raschesten wieder vergessen wurde).

Am 12. Juni 1817 fuhr Drais mit einer bereits zweirädrigen Laufmaschine aus Mannheim hinaus zum Schwetzinger Relaishaus und wieder retour und war dabei mit 15 Kilometer pro Stunde schneller als eine Postkutsche. Das sprach sich herum: 1818 fuhr ein Mann mit einer Draisine bereits die 450 Kilometer nach Paris, wo die Neuerung groß im Jardin Luxembourg vorgeführt wurde. Das war der Durchbruch für Drais' Erfindung, deren Prinzip er vom Schlittschuhfahren übernommen hatte, wie er sagte. Auch er fuhr nun, im Alter von 33 Jahren, mit der Draisine nach Paris (zwei Jahre später sollte ein britischer Ingenieur die 500 Kilometer von Pau nach Madrid sogar über die Pyrenäen fahren), wovon europaweit berichtet wurde. Bereits 1819 wurde im indischen Kalkutta das Radfahren auf dem Gehweg verboten, so schnell war Drais' Idee rund um den Globus gegangen; Handwerker überall auf der Welt hatten das Gefährt auf der Grundlage von Zeitungstexten nachgebaut. Die Laufmaschine des badischen Freiherrn wog wenig mehr als 20 Kilogramm. Sie hatte zwei 27-Zoll-Räder mit Eisenreifen, eine Schleifbremse fürs Hinterrad, vorn abklappbare Parkstützen,

Historisches Treffen stolzer Radfreunde

auch gab es schon Packtaschen und einen Gepäckträger hinter dem Sitz. Geölte Gleitlager in Messing-Buchsen sorgten für den leichten Lauf der Räder.

Dass diese Laufmaschine in Südwestdeutschland erfunden wurde und zunächst vor allem in England und Frankreich Anklang fand, war kein Zufall. Hier gab es dank des sogenannten »Makadam-Belags« (bei dem drei Schichten von jeweils unterschiedlich großen, gebrochenen und verdichteten Gesteinsbrocken auf den Untergrund aufgebracht wurden) bereits zu Drais' Zeiten ein Netz von Landstraßen, auf dem sich leicht auf Rädern dahinrollen ließ. Weiter nördlich und östlich gab es im Deutschen Bund damals hingegen nur die traditionellen, unbefestigten Landstraßen und einige wenige Chausseen mit Kopfsteinpflaster aus groben Feldsteinen, beides ungeeignet für das Fahrradfahren.

Drais machte keinen großen Gewinn mit seiner weltberühmten Erfindung, denn als Beamter durfte er nicht unternehmerisch tätig sein. Und schon nach zwei Jahren des Booms begann der Niedergang: In Zeiten, da Stadtstraßen üblicherweise schmutzig und holprig und nur die Bürgersteige eben waren, fuhren die Draisinisten gerne auf den Trottoirs, wovon sich Fußgänger gestört fühlten. Bei einem illegalen Rennen in München sollen 1829 immerhin 22 Stundenkilometer erreicht worden sein, die Bremsen hingegen waren nicht besonders. Das Fahren auf den Gehwegen wurde von daher in Mannheim bereits im Dezember 1818 verboten, in Mailand, London und New York 1819. Diese und andere, oft willkürliche behördliche Einschränkungen waren neben dem wieder günstig gewordenen Tierfutterpreis die wesentliche Ursache für das Ende der Laufmaschinen, nicht deren technische Unzulänglichkeit, wie die politischen Gegner des frühen Demokraten Drais sich später zu verbreiten bemühten. Der gebürtige Karlsruher war nämlich zeitlebens ein hochpolitischer Kopf, der von beiden Seiten, von den Demokraten, zu denen er selbst gehörte, und von den Anhängern der Reaktion verfolgt wurde.

Drais verstarb 1857. So bekam er den Siegeszug seiner Erfindung nicht mehr mit, zu dem nur noch ein wichtiger Schritt fehlte: Die Füße mussten von der Straße. Der Franzose Pierre Lallement steckte 1863 Holzspulen auf Wellenschafte und gilt damit als Erfinder des drehbaren Fahrradpedals. Das heutige Pedal mit Kugellagern und Gummi-Trittflächen wurde erstmals 1884 verwendet. Damit war der Weg geebnet zum Massenprodukt Fahrrad, das bald in kaum einem Haushalt fehlte – und für den Radsport. Erste Laufrad-Rennen hatte es schon in den 1820er-Jahren gegeben, am 7. November 1869 wurde zwischen Paris und Rouen erstmals ein Fahrradrennen ausgetragen, das von einer Stadt in eine andere führte. Ein Engländer namens James (nicht Roger) Moore gewann, für die 123 Kilometer benötigte er stolze 10:45 Stunden. Auch Frauenrennen waren bald ausgesprochen beliebt. Und seit 1903 wird die weltberühmte Tour de France ausgetragen.

JOHANNES KEPLERS WEITSICHTIGE ERFINDUNG
Fernrohr – Schwäbische Sternwarte Stuttgart

Johannes Kepler gehört zu den großen Persönlichkeiten der Weltgeschichte, und über das Leben und Wirken des in Weil der Stadt geborenen Astronomen, Mathematikers und Naturphilosophen informieren voluminöse Biografien. Weniger bekannt als seine wissenschaftliche Arbeit, etwa als Entdecker der Gesetze, nach denen sich die Planeten um die Sonne bewegen, oder die Geschichte des Hexenprozesses gegen seine Mutter, weniger bekannt sogar als sein Wirken als Leibastrologe Wallensteins ist die Tatsache, dass er auch ein Erfinder war; insbesondere geht das Fernrohr auf ihn zurück. Trotz seiner Sehprobleme war Kepler ein bedeutender Astronom, der bahnbrechende Beiträge zur Optik lieferte. Bereits 1604 erschien sein Werk *Astronomiae pars optica*, in dem er die Funktionsweise der damals so beliebten Camera obscura, eines frühen Vorläufers des Kinos, erklärte.

Das erste Fernrohr der Welt stammt vom holländischen Brillenmacher Hans Lipperhey (um 1608). Galileo Galilei entwickelte es weiter und setzte es für seine astronomischen Beobachtungen ein. Galileis »holländisches« Instrument bestand freilich nur aus einer Sammellinse – dem Objektiv – und einer Zerstreulinse – dem Okular – und ermöglichte keine hohen Vergrößerungen. Kepler war es, der als Erster eine theoretische Erklärung der Funktionsweise dieses Instruments lieferte und diese Überlegungen nutzte, um ein hochvergrößerndes Fernrohr zu konstruieren. Er veröffentlichte seine Ergebnisse 1610 im Buch *Dioptrices*. Die Besonderheit war: Auch als Okular benutzte er eine konvexe Sammellinse und erreichte so enorme Vergrößerungen. Einziger Nachteil seiner Erfindung, Grundlage aller heutigen Ferngläser und Teleskope, war das auf dem Kopf stehende Bild, was freilich bei Himmelsbeobachtungen nicht viel ausmachte. Das erste überlieferte Kepler-Fernrohr wurde vom Jesuiten Christoph Scheiner um 1613 gebaut, also fünf Jahre nach Lipperhey. Auf den Spuren Keplers kann man in einer Sternwarte oder einem Planetarium wandeln; beides findet man etwa in Stuttgart.

FRITZ LEONHARDTS MEISTERBAU
Fernsehturm aus Stahlbeton – Fernsehturm Stuttgart   15

Gestatten, ich bin die größte Erfindung in diesem Buch (wenigstens nach Metern). Es gibt weltweit nicht so viele meiner Art, aber glauben Sie mir, wir finden umso mehr Beachtung! Oft sind wir so hoch wie das Empire State Building, auf dem einst King Kong herumturnte, gelten als architektonische Meilensteine der Moderne, und wo wir stehen – ob in Berlin, Toronto, Moskau, Teheran oder Tokyo – sind wir rasch zu *den* Wahrzeichen unserer Städte geworden. Obwohl wir im Schnitt nur etwa 50 Jahre einen praktischen Nutzen hatten, sind wir heute beliebter denn je und gern besucht. Unser neuer Primus, mein 2012 fertiggestellter japanischer Enkel *Tokyo Sky Tree*, ist jetzt sogar das zweithöchste Gebäude der Welt …

Ich aber, im Vergleich dazu ein Winzling, bin der Erste meiner Art und insofern als Einziger in meiner Familie eine echte Erfindung: Bescheiden heiße ich *Fernsehturm Stuttgart* und bin weltweit der erste Hochturm, der als schlanke Röhre in Stahlbetonbauweise ausgeführt wurde. Erdacht wurde ich vom Stuttgarter Bauingenieur Fritz Leonhardt. Der Bau wurde im Juni 1954 begonnen und im Februar 1956 abgeschlossen. Mein Schöpfer, der ansonsten vor allem spektakuläre Brücken errichtete, erhielt sechs Ehrendoktorwürden, war von 1957 bis 1974 Professor für Massivbau der TH Stuttgart und von 1967 bis 1969 auch ihr Rektor, zudem ist er Verfasser meines Lieblingsbuchs, *Spannbeton für die Praxis*.

Aber seine bedeutendste Schöpfung bin nun einmal ich: Als ein 216,6 Meter hoher Fernmeldeturm geplant, löste ich eine weltweite Turmbauwelle aus. Architektonisch verkörpere ich den Beginn einer neuen Ära, da ich fast ganz aus Stahlbeton bestehe, nur 3.000 Tonnen wiege und einen vom Schaft ausladenden »Korb« unterhalb der Antenne besitze, in welchem ein Restaurant seine Heimstatt fand. Ich wurde in sogenannter vertikaler Kragarmbauweise errichtet. Meine Schönheit und die Tatsache, dass man bei klarer Witterung von mir aus sogar die Alpen sehen kann, machten mich rasch zu einer Touristenattraktion.

SCHEUFELEN ARBEITET IM AUFTRAG DER NASA

Feuerfestes Papier – Museum für Papier- und Buchkunst Lenningen

16

Ein bedeutender Strang der Medientheorie, der in Deutschland besonders mit dem Namen Friedrich Kittler verbunden ist, hat stets darauf hingewiesen, dass »der Krieg der Vater aller Dinge« sei. Und zwar, anders als es der griechische Philosoph Heraklit meinte, ganz wörtlich: Noch im Bereich der Unterhaltungs- und Kommunikationstechnologie entstammt vom Radar über den Telegrafen und das Radio bis zum Internet oder Gameboy kaum eine bedeutende Erfindung *nicht* dem militärischen Sektor. In Zeiten des »emotional design«, wo das Image eines Produktes oft wichtiger ist als sein Nutzen, ist das ein Problem. Zum Zwecke der besseren Vermarktbarkeit wird der militärische Hintergrund also entweder nicht erwähnt, oder aber es heißt, die Erfindung stamme aus der sogenannten Weltraumforschung (das klingt gleich viel besser). Tatsächlich aber entstammen der viel weniger Produkte, als die NASA aus nachvollziehbaren Gründen angibt (ihr vom Staat gedecktes Jahresbudget liegt bei stolzen 20 Milliarden US-Dollar). Noch am bedeutendsten unter den Weltraum-Erfindungen sind kratzfeste Brillengläser, der Akkubohrer beziehungsweise -schrauber, der UV-Schutz in Sonnencremes und der Handstaubsauger. Umgekehrt ist die Liste der nur angeblich aus der Weltraumforschung stammenden Produkte ziemlich lang (es handelt sich dabei um typische »urban legends« wie im Fall der berühmten Vogelspinne in der Yucca-Palme): Teflonpfanne, Wegwerfwindel, Rauchmelder, Quarzuhr haben eines gemeinsam – sie entstammen nicht der Weltraumforschung! Anders verhält es sich mit dem nicht entflammbaren Papier, einer Erfindung der schwäbischen Firma Scheufelen, direkt im Auftrag der NASA. Dass das keine ganz einfache Sache ist, dürfte klar sein: Eine der auffälligsten Eigenschaften von Papier ist nun einmal seine leichte Brennbarkeit.

Der Hintergrund der schwäbischen Erfindung ist tragisch: 1967 kam es bei einer Routineübung der Apollo-1-Mission zu einem schrecklichen Unfall. Während sich drei Astronauten von der Rakete abkapseln wollten, brach ein Feuer aus, bei dem alle Insassen starben.

Lampions bestehen häufig aus feuerfestem Papier.

Als Reaktion darauf orderte die NASA bei dem Papierspezialisten aus Lenningen nicht entflammbares Papier für künftige Bordbücher. Das schwäbische Hightech-Produkt reiste zwei Jahre später mit der Apollo 11 auf den Mond. Die technische Seite ist natürlich ein Betriebsgeheimnis, es gibt aber grundsätzlich mehrere Varianten, Papier schwer entflammbar zu machen, etwa Zusatzstoffe bei der Herstellung oder Beschichtungen. Zudem gibt es sogenanntes Steinpapier, dessen Rohstoff nicht Holz, sondern Kalkstein ist (eine Entdeckung des Erfinders der Lithografie, des Musikers Alois Senefelder). Das nicht entflammbare Papier ist eine durchaus bedeutende Erfindung, etwa für Bastler (Lampions) oder im Hausbau (Gipsplatten); heute gibt es eine eigene DIN-Norm dafür.

Der Gründer des Lenninger Unternehmens, das als erstes feuerfestes Papier herstellte, Karl Scheufelen, ist übrigens selbst der Vater eines Erfinders: Auf seinen Sohn Adolf geht das hochwertige Kunstdruckpapier zurück. 1855 pachtete der Unterlehrer Karl Scheufelen die heruntergekommene Oberlenninger Papiermühle seines Schwagers, ein Jahr später kaufte er sie. Neben Pappe und Packpapier gehörten Papiertüten zu der Produktpalette der frühen Jahre. Das Unternehmen gedieh mit dem steigenden Papierbedarf der Gründerzeit prächtig. Sohn Adolf löste mit schwäbischem Tüftlersinn gleich zwei Herstellungsprobleme der Papierproduktion: Er verwendete gebleichten Holzzellstoff anstelle des in Deutschland nicht vorhandenen Esparto-Zellstoffs und sparte dank einer selbst gebauten doppelseitigen Streichanlage einen Arbeitsgang in der Produktion ein. Dies ermöglichte die Produktion seiner Erfindung aus dem Jahr 1892, des hochwertigen Kunstdruckpapiers. Ein Jahr später stellte Scheufelen senior die Stromversorgung seines Unternehmens auf Wasserkraft um – als einer der ersten industriellen Nutzer überhaupt. Für sein »art paper« kreierte Scheufelen die Bezeichnung »Kunstdruckpapier« – ein Begriff, der sich rasch für hochwertige Papiere allgemein durchsetzte. Da das Patentamt Scheufelens Anmeldung des Begriffes als Schutzmarke ablehnte, ließ er am 11. Mai 1895 die Markenbezeichnung *Phönix-Kunstdruckpapier* eintragen (endgültiges Patent 1897). Das Unternehmen nannte sich nun *Erste deutsche Kunstdruck-Papierfabrik Carl Scheufelen* und setzte, ganz im Geist der »Kunst im Zeitalter der technischen Reproduzierbarkeit« (Walter Benjamin), auf hochwertige Spezialpapiere. Mit Erfolg: 1928 hatte Scheufelen mehr als 1.000 Mitarbeiter, 1955 etwa 2.000, erst 2008, in der Urenkelgeneration, erfolgte die Insolvenz des Familienunternehmens (heute wird im Besitz eines Konsortiums mit rund 300 Mitarbeitern weiterproduziert).

Das Jugendstil-Fabrikgelände in Lenningen mit seinem einst fast 100 Meter hohen Schornstein ist sehenswert, wie auch das 1992 im *Schlössle* in Oberlenningen zum 100-jährigen Jubiläum des Kunstdruckpapiers eingerichtete Papiermuseum.

Der erste Augsburger Flieger
SALOMON IDLER
Schuhmacher und Bürger allhier
1610 — 1670
landete an dieser Stelle mit seiner selbstgebauten Flugmaschine und erschlug dabei vier Hennen.
Freiballonverein Augsburg
A.D. 1970

GEDENKTAFEL FÜR SALOMON IDLER /// BRÄHLESGASSE 3 /// 70372 STUTTGART ///

SALOMON IDLER, DER FLIEGENDE SCHUSTER
Fliegen – Idler-Gedenktafel Stuttgart

Die Luftfahrt von Salomon Idler endete tödlich. Für vier Hühner. Der Bad Cannstatter überlebte im Sommer 1659 den Sprung von einem Schuppen. Er war damit der erste Deutsche, der einen Flugversuch wagte. Vom »Schneider von Ulm« hat jeder schon einmal gehört. Albrecht Berblingers Versuch vom 31. Mai 1811, mit einem Hängegleiter zu fliegen, und der Sturz in die Donau sind Allgemeingut. Dass bereits 152 Jahre früher ein Deutscher mit einem selbst gebauten Apparat fliegen wollte, war bisher kaum bekannt.

Damals, kurz nach den Wirren des Dreißigjährigen Kriegs, hatten die Menschen andere Sorgen, als sich für einen waghalsigen Flugpionier zu interessieren. Zeitungen waren noch nicht verbreitet. So geriet der Flug des Salomon Idler in Vergessenheit. Bis seine Nachfahren zu forschen begannen. Nun versuchen sie, ihren Urahn und seine Luftfahrt bekannt zu machen. Mit Erfolg: In Augsburg, dem Ort seines Sprungs, wurde eine Straße nach ihm benannt und eine Plakette angebracht. In Idlers Heimatstadt hat der Verein *Pro Alt Cannstatt* eine Tafel an dem Haus Brählesgasse 3 aufgehängt. Früher hieß die Straße in der Altstadt Fischergasse. Dort wurde Salomon Idler am 11. Februar 1610 geboren. Viel mehr weiß man nicht über die Kindheit und Jugend von Idler. Von 1618 bis 1648 tobte der Dreißigjährige Krieg, Söldner plünderten und mordeten. Städte und Dörfer lagen in Schutt und Asche, von 17 Millionen Deutschen starben vier Millionen. Wie es Idler in diesen Wirren nach Augsburg verschlug, ist nicht bekannt. Vermutlich ging er als Schuhmachergeselle auf die Walz und blieb schließlich in Augsburg hängen. Dank Eugen Oskar Rindt weiß man immerhin einiges über sein Leben dort. 1942 schrieb der Philosoph an der Ludwig-Maximilians-Universität in München seine Doktorarbeit *Grundlagen für ein Lebensbild des fliegenden Schusters von Augsburg*. Dafür wertete Rindt Steuerakten aus und studierte Prozessakten. Denn Jahre nach seinem Flug verklagten die Augsburger Meistersinger Salomon Idler vor dem Hohen Rat, weil er sich »erdreistete, als

Ein Stich erinnert an Salomon Idlers Flugversuch.

Schauspieldirektor zu agieren«. Um zu untermauern, dass Salomon Idler offensichtlich nicht bei Sinnen sei, führten sie an, er sei »hirnlos und luftsinnig«, weil er seinen »närrischen Einbilden nach« vom 63 Meter hohen Perlachturm habe springen wollen. Das stimmt tatsächlich. Beinahe hätte er dies gewagt.

Idler arbeitete als Schuhmacher, träumte aber vom Fliegen. Also bastelte er aus Eisen und bunten Federn, die er am Gestell festleimte, Flügel. Und wollte vom Augsburger Perlachturm springen. Sein Pfarrer jedoch glaubte nicht an den Erfolg des Unternehmens und redete ihm den Sprung aus. Er sagte zu ihm: »Wenn du fliegen kannst, dann flieg doch zuerst hinauf!« Idler kam ins Grübeln, stieg nicht auf den Turm – seinen Traum aber gab er nicht auf. Er arbeitete weiter an seinem Fluggerät. Im Sommer 1659 kletterte er auf das Dach eines Schuppens im Rahmgartengässchen. Er zwängte die Arme in die Flügel und sprang. Der Flug war von kurzer Dauer. Ein Holzgestell, das zum Lüften von Betten diente, bremste seinen Sturz. Er wurde kaum verletzt. Vier Hennen hatten weniger Glück. Idler erschlug sie beim Aufschlag. Sieht man von Ikarus ab, waren sie die ersten bekannten Opfer der bemannten Luftfahrt.

Idler war die Lust auf weitere Flüge vergangen. Im Zorn zerhackte er die Reste seiner Flügel. Aber die Nachricht von seinem Absturz machte die Runde. Hohn und Spott war ihm gewiss. Fortan nannte man ihn in Augsburg nur noch den »fliegenden Schuster«. Als Schuhmacher aber wollte Salomon Idler nicht mehr arbeiten. Er fühlte sich zu Höherem berufen. Und wenn sein Ruhm auch zweifelhaft war, so wollte er ihn doch nutzen. Er dressierte

Pferde, versuchte sich als Gaukler und Possenreißer im Theater. 1663 gründete er eine eigene Schauspieltruppe und verfasste Theaterstücke. Er brachte als Erster im deutschsprachigen Raum *König Lear* von William Shakespeare auf die Bühne. Was die Konkurrenz, die Meistersinger, erzürnte. Sie strengten den Prozess an und gewannen. Idlers Karriere als Theaterdirektor war damit beendet. Er war hoch verschuldet, arbeitete wieder als Schuhmacher. Am 17. März 1670 starb er in Augsburg. Seine Frau musste ins Armenhaus ziehen.

Mit dieser historischen Figur hat jener Salomon Idler wenig gemein, den Peter Dempf in seinem Roman *Der Teufelsvogel des Salomon Idler* beschrieb. In dem im Jahr 2000 erschienenen Buch ist Idler eine Art James Bond im Dreißigjährigen Krieg. Er findet ein geheimnisvolles Manuskript, das Zeichnungen von Fluggeräten enthält. Sowohl die Schweden als Vertreter der *Protestantischen Union* als auch die Feldherren Tilly und Wallenstein von der *Katholischen Liga* erfahren davon und vermuten, die Fluggeräte könnten den Krieg entscheiden. Also jagen sie Idler, der sich bei der Hure Agnes verbirgt. Dann bricht die Pest aus. Auch der Roman hat Idler wenig Ruhm beschert. Dies soll sich nun ändern. Seine Nachfahren hoffen, dass man künftig den »Schneider von Ulm« und den fliegenden Schuster in einem Atemzug nennt.

STEINZEITFRAU VON DER ALB SPIELT KNOCHENFLÖTE

WEG ZUM GEISSENKLÖSTERLE: VOM PARKPLATZ HINTER DER ACH-BRÜCKE DEM FUSSWEG ZUR LINKEN NACH OBEN FOLGEN, VORBEI AM FELSEN MIT DER GEDENKTAFEL FÜR JOACHIM HAHN /// BRUCKFELSSTRASSE 20 /// 89143 BLAUBEUREN ///

WIE DIE SCHWABEN DIE MUSIK ERFANDEN
Flöte – Geißenklösterle bei Blaubeuren

Die Tonkunst ist die universellste unter den Künsten, denn ihre Zeichen haben keine feste Bedeutung, sodass die Sprache der Musik jedermann verständlich ist, woher auch immer er oder sie stammt. Zugleich ist sie vermutlich die älteste unter den Künsten: Es ist wahrscheinlich, dass Menschen schon immer gesungen und mit den Füßen den Takt gestampft haben. Zum richtigen Musizieren gehören aber Instrumente. Das älteste erhaltene ist eine Flöte, und sie wurde in Baden-Württemberg gefunden. Damit dürfen sich die Schwaben rühmen (respektive ihre altsteinzeitlichen Urahnen), die Musik erfunden zu haben, zumindest aber die Flöte.

Das älteste Musikinstrument der Menschheit: Ein Eiszeitkünstler – oder eine Eiszeitkünstlerin – schnitzte es vor gut 40.000 Jahren aus einem Schwanenknochen, weshalb es poetisch *Schwanenflöte* genannt wird. Mit einer Klinge aus Feuerstein schnitt er oder sie Fingerlöcher hinein und am oberen Ende zwei v-förmige Kerben. Das knapp 13 Zentimeter lange Instrument, das auf diese Weise entstand, verlangte den damaligen Musikern freilich einiges an Können ab, denn gespielt wurde es als Schräg- oder Kerbflöte: Das Instrument, dem sich immerhin vier Grund- und drei Obertöne entlocken lassen, wurde über den scharfen Schaftrand oder über eine Kerbe geblasen. Sein Klang ist rein, sehr klar und trägt über eine weite Strecke.

Nicht nur ist es ziemlich schwierig zu spielen, auch die Herstellung war nicht so einfach, wie sich das vielleicht liest. Denn das Material musste zunächst ausgekocht, getrocknet und anschließend wieder befeuchtet werden. Üblicherweise hatte so eine Flöte drei oder vier Löcher. War sie einmal fertig, kam es aufs regelmäßige Üben an, was Tausende Freunde der Eiszeitmusik weltweit bestätigen können, welche die erste Flöte der Welt inzwischen nachgebaut haben (diverse Anleitungen finden sich im Internet).

Ort der Wissenschaftssensation ihrer Entdeckung war der Felsüberhang *Geißenklösterle* bei Blaubeuren auf der Schwäbischen Alb. Im benachbarten Schelklingen (Hohle Fels) wurde unweit der ersten Skulptur der Menschheitsgeschichte übrigens ein fast gleich altes

Ältestes Musikinstrument der Welt

Exemplar aus Gänsegeierknochen entdeckt. Zu besichtigen sind die ältesten Musikinstrumente der Welt im sehenswerten Urgeschichtlichen Museum in Blaubeuren. Hier findet man auch noch ein weiteres, fast gleich altes Exemplar aus Mammutelfenbein. Insgesamt wurden auf der Alb bisher Reste von 24 Flöten aus dieser Zeit gefunden, ein Beleg für die Annahme ästhetischer Theoretiker von Aristoteles bis Hegel, dass die Musik die urtümlichste der Künste sei. Allerdings ist keines dieser Instrumente vollständig erhalten. Doch die Fantasie regen sie allemal an; im Museum ist inzwischen sogar eine Flötengruppe aus sieben Spielerinnen aktiv, die sich Nachbauten des Originals bedienen.

Die von außen ganz unscheinbaren Höhlen des *Geißenklösterles* wurden erst 1957 von Rainer Blumentritt als archäologische Fundstelle entdeckt. Der damalige Schüler grub mit dem Tübinger Prähistoriker Gustav Riek im Achtal und untersuchte dabei auch die dortigen Höhlen. Vollständig archäologisch ausgewertet wurde das *Geißenklösterle* in den 1980er- und 1990er-Jahren von Joachim Hahn, ebenfalls von der Universität Tübingen. Nachweisbar ist hier ein Aufenthalt kleiner Gruppen von Menschen während der letzten Eiszeit vor ungefähr 43.000 Jahren. Der traditionsreiche Ort ist heute vergittert – wer weiß, was sich hier noch für Schätze finden – und kann nur an bestimmten Aktionstagen, zum Beispiel dem »Tag der offenen Höhle« (am letzten Sonntag der Sommerferien in Baden-Württemberg), besichtigt werden. Das *Geißenklösterle* ist wegen seiner geringen Tiefe – der Name spricht diesbezüglich Bände – von außen aber trotz des Gitters jederzeit gut einsehbar und vermittelt ein Bild des damaligen, recht kargen Alltagslebens.

Man fand hier auch mehrere Steine mit Farbauftrag: mit die ältesten Zeugnisse menschlicher Malerei weltweit. In seiner Bedeutung als Kleinkunstwerk ragt ein dreifarbig (selbstverständlich schwarz, rot und gelb) bemaltes Kalksteinstück heraus, immerhin circa 35.000 Jahre alt. Zusammen mit fünf weiteren bemalten Steinen, die aus dem benachbarten *Hohlen Fels* stammen, ist auch es in Blaubeuren ausgestellt. Weltweite Bedeutung erlangte das *Geißenklösterle* zudem durch Funde von Schnitzereien aus Mammutelfenbein, die zu den ältesten bisher bekannten figürlichen Kunstwerken überhaupt zählen. Dargestellt wurden sowohl Tiere (Mammut, Wisent, Bär) als auch ein Mischwesen aus Mensch und Tier. Mit einem geschätzten Alter von 38.000 bis 40.000 Jahren gehören sie zu den ältesten bekannten figürlichen Kunstwerken der Menschheit. Das größte öffentliche Interesse aber erregten die Musikinstrumente, insgesamt drei Flöten, denn es sind die ältesten ihrer Art weltweit. Das erstaunliche technische Können der damaligen Instrumentenbauer verdeutlicht neben der berühmten *Schwanenflöte* besonders auch das beeindruckende, aus massivem Mammutelfenbein geschnitzte Exemplar; leider ist kein Musikstück aus dieser Zeit erhalten.

PORTRÄT VON PHILIPP HEINEKEN
HEUTE NOCH ZU BESUCHEN: PHILIPP HEINEKENS GRAB AUF DEM STEIGFRIEDHOF /// SPARRHÄRMLINGWEG 1 /// 70376 STUTTGART ///

SPORT IST PHILIPP HEINEKENS LEBEN
Fußball-Zeitschrift auf Deutsch – Heineken-Grab Stuttgart

Verwittert ist die Tafel, kaum noch zu lesen ist der Name. Wer sich die Mühe macht, vor dem Familiengrab in die Knie zu gehen, kann auf dem Stein entziffern: Philipp Heineken. Hier auf dem Steigfriedhof in Bad Cannstatt ruht er, geboren am 15. Januar 1873 bei New York, gestorben am 9. Februar 1959 in Zuffenhausen. Dass die Daten verwittert sind, sein Name ausbleicht, ist sinnbildlich. Vergessen haben ihn Publikum und Öffentlichkeit, dabei war er unter den Fußball-Enthusiasten in Deutschland wohl der besessenste, vermutlich auch der begabteste. Er spielte Fußball, er trainierte Mannschaften, er übersetzte die Regeln »der beliebtesten Rasen-Spiele« vom Englischen ins Deutsche, er gab die erste Fußball-Zeitschrift heraus, er war Vizepräsident des Deutschen Fußball-Bundes, er übersetzte Fachbegriffe wie »goal«, er war einer der Gründungsväter des VfB Stuttgart – und ein Lebemann, Freigeist und Hallodri. 1910 verschwand er wieder in die USA, ließ Frau und Tochter zurück. Dort verlor sich seine Spur, bis er nach dem Zweiten Weltkrieg überraschend erneut in Stuttgart auftauchte.

Im Archiv der Deutschen Sporthochschule in Köln kann man alle drei Jahrgänge der Zeitschrift *Der Fußball* finden. Die gab Heineken ab 1894 in einem Stuttgarter Verlag heraus. Im Rugby-Archiv in Heidelberg liegen ebenfalls etliche Dokumente zu Heineken. Dazu muss man wissen, dass man in den Anfangsjahren noch eine wilde Mischung aus Fußball und Rugby spielte, die heutigen Regeln schälten sich erst allmählich heraus.

Der Fußballer Heineken hat Spuren hinterlassen, der Mensch Heineken bleibt dagegen im Dunkeln. Wie verdiente er seinen Lebensunterhalt? Warum flüchtete er Hals über Kopf? Was machte er in den USA? Warum nahm er nach seiner Rückkehr nie Kontakt zu alten Weggefährten auf, obwohl er schrieb, »die gemeinschaftlich auf dem Wasen verbrachten Stunden waren doch schöne, glückliche und sorgenfreie Zeiten gewesen«? Warum verkroch er sich geradezu, obwohl er die ganze Cannstatter Hautevolee kannte? Die Söhne von Daimler und Maybach hatten etwa mit ihm beim FV Cannstatt gekickt. Antworten darauf gibt es keine.

Eins von Heinekens zahlreichen Werken zum Thema Fußball

Doch fangen wir von vorne an: Heineken war der Spross einer Auswandererfamilie. Als 1878 der Vater starb, zog Mutter Pauline mit Philipp und seinem jüngeren Bruder Michael aus Amerika zurück nach Bad Cannstatt. Dort besaß die Familie in der heutigen Daimlerstraße eine Gasfabrik. Unweit davon ist der Wasen, wo britische Internatsschüler den deutschen Jugendlichen Rugby und Fußball beibrachten. Die Heineken-Brüder waren begeistert. Philipp Heineken schrieb: »Seit 1880 konnte ich das Spiel selbst verfolgen, zunächst nur als begeisterter Zuschauer und mit meinen Freunden als glücklicher Träger der Malstangen von und zum Spielfeld.« Die Malstangen bilden das Tor beim Rugby, anfangs nannten auch die Fußballer ihr Tor »Mal«, weil ihnen das englische »goal« schwer über die Lippen ging. Heineken war einer derjenigen, die das »goal« zum »Tor« machten. Auch um dem Vorwurf der Altvorderen zu entgehen, Fußball sei »eine undeutsche Sportart«. Da war Heineken durchaus modern, in anderem aber ein Kind seiner Zeit. So schrieb er in seinem Werk *Die beliebtesten Rasen-Spiele* von 1893: »Wir denken, gerade die zukünftige Mutter sollte wie der Knabe in anmutigen Spielen sich kräftigen im Hinblick auf den Beruf als Gattin und Mutter.« Man sieht, es war ein langer Weg zur Gleichberechtigung. Im selben Jahr schrieb sich Heineken als Student für Maschinenbau und Elektrotechnik ein, und er verließ den Cannstatter Fußballclub, weil die Mitspieler über einen von ihm verfassten Spielbericht meckerten. Er ging zum FV Stuttgart 93, wurde dort Kapitän und später Ehrenmitglied. 1913 fusionierte der FV Stuttgart mit dem Kronenclub Cannstatt zum VfB Stuttgart.

Doch Heineken hatte nicht nur in Stuttgart eine bedeutende Rolle inne, er lektorierte und überarbeitete die ersten einheitlichen deutschen Fußballregeln, er verfasste das erste deutsche Fußball-Jahrbuch. Reisen im Dienste des Fußballs führten ihn nach England, Spanien und Südamerika. Er saß im deutschen Reichsausschuss für die Vorbereitung der Olympischen Spiele 1900 in Paris und 1904 in St. Louis. Heute würde man so einen Menschen als Strippenzieher bezeichnen, quasi eine Art Thomas Bach, Chef des Internationalen Olympischen Komitees, der Frühzeit. Doch damals konnte man als Funktionär sein Leben nicht bestreiten, überhaupt ist rätselhaft, wo Heineken sein Geld herhatte. Womöglich stammte es vom Verkauf des Gaswerks an die Stadt.

1910 ging er für General Electric nach Pittsburgh. Hals über Kopf verschwand er, ließ Frau und Tochter zurück. Damit verschwindet er auch aus den Chroniken. 1930 kam noch ein Buch von ihm heraus: *Erinnerungen an den Cannstatter Fußball-Club*. 1935 erschien ein Aufsatz im Rugby-Jahrbuch über »das Amerikanische Universitäts-Fußballspiel«. Als seinen Wohnort gab er New York an. Nach dem Krieg stand er plötzlich bei der Tochter vor der Tür. Trotz ihres Grolls pflegte sie ihren Vater. Heineken starb 1959 in Zuffenhausen, fast vergessen. Nur eine Tafel am Steigfriedhof kündet von ihm. Und die ist kaum lesbar und verwittert.

ALFRED KÄRCHER REINIGT DIE WELT
Hochdruckreiniger – Kärcher Museum Winnenden

Die Welt vom Dreck zu befreien, das ist eine Aufgabe für Schwaben. Wer sollte das besser können? Kärcher reinigt die Welt. 5.000 Kaugummis kleben auf der Potemkinschen Treppe in Odessa; Flechten entstellen die Antlitze der amerikanischen Präsidenten am Mount Rushmore; Graffiti verunstaltet das Brandenburger Tor; die Kolonnaden des Vatikans sind verdreckt; die Lügenbrücke in Hermannstadt starrt vor Schmutz; das Prager Nationaltheater ist durch einen Acrylanstrich verunstaltet – alles kein Problem für Kärcher. Und selbst Jesus Christus kann eine Schönheitskur made in Schwaben brauchen. Die Statue in Rio de Janeiro erstrahlt porentief rein in neuem Glanz, nachdem die Saubermänner aus Winnenden sie gereinigt haben.

Dabei ersann der gebürtige Bad Cannstatter Alfred Kärcher zunächst ganz andere Dinge als Reinigungsgeräte. Nach seinem Studium arbeitete der Elektrotechniker und Maschinenbauer beim Vater im Betrieb mit. Sie entwickelten und bauten Anlagen für Großküchen und Wäschereien. 1935 gründete Alfred Kärcher sein eigenes Unternehmen. Er baute Heißluftbläser zum Anwärmen von Flugzeugmotoren. Die Lufthansa wurde Kunde. Die Firma wuchs und zog 1939 nach Winnenden. Nach dem Krieg baute Kärcher Öfen, Handwagen und Kleinherde. Bei den Amerikanern sah Kärcher die ersten Hochdruckreiniger. Er schaute sich die Geräte gut an, der geniale Ingenieur erkannte die Schwächen der Konstruktion, erhöhte die Leistung und baute den ersten europäischen Hochdruckreiniger, der mit heißem Wasser reinigte. Mit dem *Dampfstrahler 350* begann der Aufstieg zum größten Reinigungsunternehmen der Welt. Mittlerweile ist Kärcher das Synonym für Hochdruckreiniger. Und überall wissen sie: Die Schwaben putzen die Welt. Im Museum der Firma Kärcher in Winnenden kann man alles über Reinigungstechnik und die Geschichte des Unternehmens erfahren.

CARL LAEMMLE ALS KÖNIG VON KALIFORNIEN

Hollywood – Museum zur Geschichte von Christen und Juden Laupheim

Sein Leben ist der Stoff, aus dem man Filme macht: Ein armer jüdischer Schwabe flieht vor der Armut nach Übersee und macht dort sein Glück. Die klassische amerikanische Legende – der Tellerwäscher wird mit Ehrgeiz, Fleiß und Talent zum Millionär. Eine Schmonzette wie gemalt für Hollywood. Der Gründer von Hollywood, Carl Laemmle, kannte das Drehbuch bestens; es ist sein Leben.

1867 wird Laemmle in Laupheim geboren. Sein Vater handelt mit Grundstücken, müht sich, die große Familie zu ernähren. Mit 13 Jahren macht Laemmle eine Kaufmannslehre in Ichenhausen. Doch träumt er sich fort aus Oberschwaben, er reitet mit Buffalo Bill, treibt mit Cowboys Kühe, jagt mit Indianern. Als seine Mutter stirbt, hält ihn nichts mehr in der Heimat. Mit 50 Dollar in der Tasche steigt er in Bremerhaven auf einen Dampfer, zwei Wochen später geht er in New York von Bord. Er zieht nach Chicago, trägt Zeitungen aus, schuftet auf Farmen, bevor er erst Buchhalter und dann Geschäftsführer einer Textilfirma wird. Er lebt ein bürgerliches Leben. Bis er 1906 in ein Nickelodeon geht, einen Vorläufer des Kinos. Man zahlt einen Nickel, fünf Cent, Eintritt und sieht kurze Filmschnipsel. In den Hinterzimmern von Kneipen oder leer stehenden Läden stellen findige Unternehmer einen Projektor auf, ein paar Stühle dazu, fertig ist das Nickelodeon. Sie zeigen: Promis, Slapstick, Sketche, Clowns, Kuriositäten aus Schaubuden, berühmte Bauwerke. Laemmle wittert ein gutes Geschäft. Er wirft seinen sicheren Job hin und kauft in Chicago das *White Front Theater*. Er möbelt es auf, setzt gegen die schäbige Konkurrenz auf Eleganz und wirbt: »The Colles Five Cent Theater in Chicago«. Bald gehören ihm 50 Kinos in der Stadt. Damit nicht genug – Laemmle gründete die Produktionsfirma *Independent Moving Pictures Company*. Sein schwäbischer Geschäftssinn sagt ihm, dass das große Geld nur zu verdienen sei, wenn man alle Glieder der Wertschöpfungskette in der Hand hält. Er produziert die Filme, er verleiht sie und er besitzt die Kinos.

Das bedeutet Krieg mit Thomas Alva Edison, jenem überaus selbstbewussten und ehrgeizigen Mann, der zahlreiche Erfindungen für sich

Carl Laemmle in Beverly Hills

reklamiert und auch mit Gott darüber streiten würde, wer die Welt aus der Taufe gehoben hat. Edison produziert Filme und stellt Kameras und Projektoren her. Er hat fast alle Firmen der Branche in der *Motion Picture Patents Company* (MPPC) vereinigt. Sie kontrolliert das Filmgeschäft und verleiht Filme und Ausrüstung zu ihren Bedingungen. Laemmle produziert nun selbst. Edison schickt seine Schläger vorbei und überzieht Laemmle mit 289 Prozessen. 1915 bezeichnet ein Bundesrichter die MPPC als illegale Verschwörung, sie wird zur Auflösung gezwungen.

Da ist Laemmle schon weitergezogen. 1914 hat er ein riesiges Gelände hinter jenen Hügeln gekauft, auf denen heute die gigantischen Buchstaben »Hollywood« vom Ruhm der Filmfabrik künden. Auf dem neu erworbenen Land ist eine Hühnerfarm. Einen Teil der Hühnerzucht betreibt er weiter – man weiß ja nie, wie's mit dem Filmgeschäft läuft. Zur Eröffnung seiner *Universal Studios* zeigt Laemmle, dass er die Regeln des Showbusiness verinnerlicht hat. Er karrt Prominenz, Banker und Firmenbosse von der Ostküste in einem Sonderzug nach Los Angeles. Und macht so deutlich: Fortan schlägt das Herz der Unterhaltungsbranche in dem ehemaligen Obstpflanzerkaff Hollywood. Laemmle baut Stars auf, über seine Schauspieler verkauft er seine Filme. Regisseur Tom Ford dreht für ihn. 1917 kommt er mit einem 70 Minuten langen Streifen an; 20 Minuten waren bestellt, das übliche Format für diese Zeit. Laemmle reagiert wie ein echter Schwabe. Er sagt: Wenn Sie bei einem

Hollywood – Museum zur Geschichte von Christen und Juden Laupheim

Schneider einen Anzug bestellen, und er liefert Ihnen einen mit zwei Hosen, schmeißen Sie die Extrahose dann weg? Natürlich nicht. Also zeigt er den Film. Der klassische Spielfilm ist erfunden. Viele Filmschaffende aus der alten Heimat kommen bei Laemmle unter. Etwa Erich von Stroheim. Laemmle feuert ihn, als er für einen Film das Kasino von Monte Carlo nachbauen lässt. In Originalgröße. Die Konkurrenz verschleudert Riesensummen für Filme, die man heute wohl Blockbuster nennen würde. Finanziert auf Pump. Das ist Laemmle suspekt. Er gerät ins Hintertreffen. Seine Filme laufen nicht mehr in den Premierenkinos der Großstädte, sie sind Augenfutter fürs Land. Wobei er heikle Themen nicht scheut. *Traffic in Souls* thematisiert den Frauenhandel. Und 1930 gewinnt er mit Sohn Julius einen Oscar für den besten Film. Sie haben Erich Maria Remarques *Im Westen nichts Neues* verfilmt. Am 4. Dezember 1930 hat der Film Premiere in Deutschland. Egon Erwin Kisch und Carl Zuckmayer sind im Berliner Mozartsaal unter den Gästen – und 200 SA-Leute. Die lassen Mäuse frei, werfen Stinkbomben, grölen und randalieren. Eine Woche später verbietet die Oberprüfstelle den Film. Es sei nicht mit der Würde des deutschen Volkes vereinbar, wenn es sich die eigene Niederlage, noch dazu verfilmt durch eine ausländische Produktionsfirma, vorspielen lassen müsse. Die Nazis hetzen gegen Laemmle. Die Honoratioren seiner Heimatstadt Laupheim entziehen ihm die Ehrenbürgerwürde und benennen die Carl-Laemmle-Straße um. Erst 40 Jahre nach Kriegsende erinnert sich Laupheim wieder an seinen Sohn. Heute tragen ein Brunnen, eine Straße und ein Gymnasium seinen Namen. Das Laupheimer Museum zur Geschichte von Christen und Juden widmet ihm eine eigene Abteilung.

Laemmle sieht die Heimat nicht mehr wieder. Aber er rettet mehreren Hundert jüdischen Familien das Leben. Er bürgt und zahlt für sie, ermöglicht ihnen die Ausreise nach Amerika. 1936 muss er *Universal* verkaufen, *Dracula* und *Frankenstein* konnten sein Studio nicht retten, die Konkurrenz übernahm sein Lebenswerk. 1939 starb Carl Laemmle in Beverly Hills. Unter den Trauergästen war alles, was Rang und Namen hatte in Hollywood. Ein filmreifer Abgang.

CASIMIR BUMILLER, ERFINDER VON DER ALB
Holzfahrrad – Hohenzollerisches Landesmuseum Hechingen 22

Erfindungen sind einst eine recht demokratische Sache gewesen, prinzipiell jede(r) konnte es zum Daniel Düsentrieb bringen, wenn er oder sie nur die richtige Idee zum richtigen Zeitpunkt hatte. Heute hingegen entstammen viele bedeutende technische Neuerungen dem Bereich der jeweils zuständigen Wissenschaftsverbünde, wie etwa hierzulande die Fraunhofer- und die Max-Planck-Gesellschaft, oder dem legendären MIT, der NASA und natürlich den Forschungslaboren großer Konzerne. Das heißt, sie sind weitgehend Teamwork oder anonym. Theoretisch kann zwar noch immer jeder in seinem Keller eine bedeutende Erfindung machen, aber dies ist deutlich unwahrscheinlicher geworden als im Industriezeitalter, der Hoch-Zeit der Erfinder. Damals konnte man noch im Alleingang Gerätschaften entwickeln, die sich später in fast jedem Haushalt fanden, wie etwa Karl Drais mit seiner Draisine. Geradezu der Prototyp des genialen Tüftlers (und dabei ziemlich unbekannt geblieben) ist Casimir Bumiller aus Jungingen bei Hechingen im Schatten der mächtigen Burg Hohenzollern, auf den das Holzfahrrad zurückgeht. In diesem Buch ist viel von Erfindungen aus Stuttgart, Tübingen, Mannheim, Karlsruhe, Heidelberg und Freiburg zu lesen. Aber auch unter den Bewohnern des ländlichen Baden-Württemberg gab es große Erfinder, und Bumiller war sicher der Bedeutendste unter ihnen.

Zunächst mag das Holzfahrrad als Kuriosität anmuten, aber das ist nicht der Fall; vielmehr handelt es sich um eine Erfindung, die bloß ihrer Zeit voraus war. Denn je stärker in den letzten Jahren Luxusbikes zu Statussymbolen geworden sind, desto mehr boomen Design-Holzfahrräder, gewissermaßen die Maseratis unter den zweirädrigen Sportflitzern. Inzwischen gibt es Holzfahrräder in allen erdenklichen Varianten. Trotzdem bleibt Holz im Radbau exklusiv und edel; in Serie werden nur die wenigsten Holzbikes produziert – meist handelt es sich um Einzelstücke oder Kleinserien, die entsprechend teuer sind. Auch Karbonräder mögen nicht ganz billig sein, doch die meisten bewundernden Blicke ernten Räder aus Holz! Innovative Designer arbeiten weltweit an Modellen, sogar elektrische gibt es zu kaufen –

Bumillers Holzfahrrad

ein eher einfaches Holzrad der dänischen Manufaktur E-Wheels mit dem Namen *Biest* kann man sich für rund 5.000 Euro selbst zusammenbauen (der Schnäppchen-Preis bezieht sich allein auf die Bauteile, versteht sich). Als Material solcher Luxusbikes wird überwiegend Bambus oder Ahorn verwendet, weil diese Hölzer hart und leicht zugleich sind. Es gibt viele Internet-Blogs, die sich den spektakulären Designs dieser exklusiven Modelle widmen. Aber kaum jemand weiß, dass das erste Holzfahrrad aus dem Jahr 1890 stammt und eine Erfindung aus Jungingen auf der Alb ist. Sie machte damals übrigens rasch Furore. So stellte die britische Firma *Bamboo Bicycle Co. LTD* vier Jahre später das erste Bambusfahrrad auf der Londoner *Stanley Cycle Show* vor.

Der Erfinder Casimir Bumiller galt seinerzeit als regelrechtes Genie, so hatte er zum Beispiel auch eine Maschine zum Herstellen von Wäscheklammern und einen Skibob gebaut. Bis heute hält sich die Legende, auch die Wäscheklammer sei seine Erfindung. Tatsache ist: In Deutschland meldete der Korbmacher Emil Richard Füchsel aus Hermsdorf im Januar 1898 beim Kaiserlichen Patentamt unter der Nummer 99970 eine federnde Wäscheklammer an. Erfunden hat auch er die Wäscheklammer jedoch sicher nicht: In den USA hatte bereits 1853 ein David M. Smith aus Springfield, Vermont, ein Patent auf einen Vorläufer der heutigen Wäscheklammer angemeldet, also des Modells mit zwei länglichen Holzschenkeln und einer metallenen Feder.

Unstreitig Bumillers Erfindung und weit komplizierter als so eine Wäscheklammer ist das Holzfahrrad, und es ist eine eher unbekannte Erfindung. Als Wagner von Beruf hatte »dr Casse« das erste Exemplar ums Jahr 1890 angefertigt. An technischer Geschicklichkeit fehlte es ihm wahrlich nicht. Als Modell dienten ihm die ersten Fahrräder, die er einfach nachbaute: mit einem Rahmen aus Eschenholz, Holzfelgen aus einem Stück (im Dampf gebogen); nur die Kammräder, die Kette und ein Teil der Achsen waren aus Eisen, als Bereifung diente ein Hanfseil. Der Erfinder aus Hohenzollern sagte über sich selbst, er sei zwar arm geboren und habe auch an Schulabschlüssen und offiziellen Bildungstiteln nichts vorzuweisen, sei aber trotzdem frohgemut sein Leben lang seinem inneren Erfindungsdrang gefolgt. Entsprechend meldete Bumiller keine Patente an und publizierte auch nichts. Von daher ist er wahrscheinlich einer der am wenigsten bekannten Erfinder in diesem Buch. Über ihn und sein Leben gibt es bis heute noch nicht einmal einen Wikipedia-Eintrag. Er ist der Vater des gleichnamigen Schriftstellers (*Apocalypse*) und Heimatforschers und der Großvater des ebenfalls gleichnamigen Freiburger Historikers. Einges über Bumiller gibt es im Heimatmuseum Jungingen zu sehen, das von der *Arbeitsgemeinschaft Heimat* betrieben wird. Feste Öffnungszeiten gibt es nicht, die *AG Heimat* organisiert jedoch gelegentlich Aktionstage im Museum; das legendäre Holzfahrrad steht inzwischen wieder im Hohenzollerischen Landesmuseum in Hechingen.

DIE KEHRWOCHE ERLEBEN KANN MAN BEI EINER FÜHRUNG MIT »FRAU SCHWÄTZELE« VON STUTTGART MARKETING, START DER FÜHRUNG: INNENHOF ALTES SCHLOSS /// 70173 STUTTGART /// BUCHUNG UNTER WWW.STUTTGART-TOURIST.DE ///

GRAF EBERHARD IM BARTE MACHT SAUBER
Kehrwoche – Führung mit »Frau Schwätzele« Stuttgart

Wer hat sie erfunden? Und wann? Darum wird bei der schwäbischen Kehrwoche gestritten. Böse Zungen behaupten, dass der Putzfimmel der Schwaben seinen Ursprung in Frankreich hat. Als Napoleon regierte, erließ er viele Bestimmungen zur Reinhaltung der Straßen und Häuser. In diese Zeit der Vereinheitlichung des französischen Rechts, das auch in den von Napoleon an Frankreich angegliederten Gebieten seine Geltung hatte – also auch in Baden –, ließe sich die Einführung der Kehrwoche einordnen. Ob man da beim Nachbarn gespickelt hat? Diese Vermutung kehren Schwaben gern unter den Teppich. Die gängigere Meinung ist die, dass die Kehrwoche auf einer Vielzahl von Erlassen beruht, die seit Ende des 15. Jahrhunderts in Württemberg herausgekommen sind. So stand bereits im Stuttgarter Stadtrecht von 1492, das Graf Eberhard im Barte aufgesetzt hatte: »Damit die Stadt rein erhalten wird, soll jeder seinen Mist alle Wochen hinausführen, […] jeder seinen Winkel alle vierzehn Tage, doch nur bei Nacht, sauber ausräumen lassen und an der Straße nie einen anlegen. Wer kein eigenes Sprechhaus [WC] hat, muss den Unrath jede Nacht an den Bach tragen«. 1714 erließ Herzog Eberhard Ludwig von Württemberg das erste eigenständige Gesetz zur Sauberkeit, nämlich die erste Stuttgarter Gassensäuberungsordnung. Der Herzog hatte festgestellt, dass »gar solch nützliche Verordnungen nun bei geraumen Jahren her aus den Augen gesetzt« waren. Das heißt: Niemand hatte sich mehr an die Vorgaben zur Ordnung und Sauberkeit in der Stadt gehalten.

Als geradezu frevelhaft wurde von vielen Stuttgartern der Beschluss vom 17. Dezember 1988 angesehen. An diesem Tag hat Manfred Rommel, seines Zeichens Oberbürgermeister der Stadt, die Kehrwoche für öffentliche Straßen und Gehwege abgeschafft. Zuvor gab es exakte Regeln in einer Satzung über »das Reinigen, Räumen und Bestreuen der Gehwege«. Die Bürger hatten die Auflage gehabt, »mindestens einmal wöchentlich« zu fegen. Wer sich nicht daran hielt, dem konnte ein Ordnungsgeld zwischen fünf und 1.000 Mark angedroht werden. Doch in jenem Dezember 1988 haben die Stadtväter

Frau Schwätzele erklärt die Kehrwoche.

beschlossen – mit nur einer Gegenstimme vom damaligen Stadtrat Rudolf Bläser –, dass nur noch bei Bedarf gekehrt werden muss. Die Empörung war groß. Da half es auch wenig, dass der damalige CDU-Fraktionschef Heinz Bühler mit vielen Stuttgartern der Meinung war, dass es nun wahrlich keine Polizeiverordnung braucht, um schwäbische Frauen zur Sauberkeit zu bewegen. Aber den Kehrwochen-Wütigen sei's ein Trost: Es gibt die Kehrwoche noch, vielen Mietern wird sie durch den Mietvertrag auferlegt.

Da die Kehrwoche im jeweiligen Mietvertrag geregelt ist, gibt es von Haus zu Haus Unterschiede. In der Regel wird aber zwischen der kleinen (Reinigung von Flur und Treppe von der Wohnungstür bis zum nächsten Stockwerk) und der großen Kehrwoche (Reinigung von Kellertreppe und Flur, Hauseingang, Gehweg des Hauses und Gemeinschaftsräumen) unterschieden. All das ist kein Problem für den Schwaben, dem nachgesagt wird, sogar Mülltonnen innen aus-

Kehrwoche – Führung mit »Frau Schwätzele« Stuttgart

zuwischen. Alt-Stadtrat Rudolf Bläser verweist auf die Regel, dass in allen Monaten, in denen ein R vorkommt (September, Oktober, November, Dezember, Januar, Februar, März), die Kehrwoche noch wichtiger sei als sonst. Klar, denn dann ist Herbst beziehungsweise Winter. Die wichtigste – ungeschriebene – Regel ist jedoch, die Kehrwochen-Pflichten möglichst an einem Samstagvormittag zu erledigen. Dann ist die Chance am größten, von den Nachbarn gesehen zu werden.

In Baden-Württemberg besserte ein Student 1995 sein Taschengeld auf, indem er bei den Leuten anfragte, ob er die Kehrwoche erledigen kann. Ein halbes Jahr später hatte er schon 180 Mitarbeiter. Als er über 300 Mitarbeiter hatte, brach er sein Studium ab und machte dies hauptberuflich. Bei der Kehrwoche verstehen Schwaben keinen Spaß. Das musste auch Klaus-Peter Hartmann, Leiter der Volkshochschule Calw, erfahren. Er hatte einen »Kehrwochen-Kompaktkurs« für den 1. April 1998 in das VHS-Veranstaltungsangebot aufgenommen. Bei diesem Datum, dachte er, würde niemand reagieren. Am Ende des Kurses sollten die Teilnehmenden in der Lage sein, selbstständig ein Stück Straße zu kehren, hieß es. In kurzer Zeit gingen fast 100 ernst gemeinte Anmeldungen ein.

Die Kehrwoche dient vielen Kabarettisten als satirische Vorlage. Der Humorist Uli Keuler allerdings sagt, sie sei nichts anderes als organisiertes Putzen – und somit stinknormal. Peter Härtling, Schriftsteller aus Nürtingen, findet gar lobende Worte für diese Tradition. Für ihn ist die Kehrwoche eine demokratische Praxis. Denn niemand muss allein für alle anderen kehren, aber jeder kehrt für die anderen mit. Selbst der schwäbische Rapper MC Bruddaal hat ein Lied über die Kehrwoche geschrieben. Und dann gibt's Kehrwochen-Führungen: »Frau Schwätzele« weiß, wo's langgeht: »I han Kehrwoch« heißt das Credo der schwäbischen Hausfrau, die mit Besen und Staubtuch bewaffnet Touristen durch Stuttgart führt.

EINEN FRÜHEN KOPIERER VON WALTER EISBEIN ZEIGT DAS
KOLB-LOLLIPOP-MUSEUM /// LILIENTHALSTRASSE 11 /// 70825 KORNTAL ///
07 11 / 83 25 07 /// WWW.KOLB-LOLLIPOP-MUSEUM.DE ///

WALTER EISBEIN VERÄNDERT DIE ARBEITSWELT
Kopierer – Kolb-Lollipop-Museum Korntal

Was vor mehr als 40 Jahren mit Emailleschildern begann, ist heute ein Heimatmuseum des Stuttgarter Ortsteils Zuffenhausen, eine Schaubude mit allerlei Kuriositäten, ein Fanhaus des Moped-Herstellers Kreidler, ein Werksmuseum, auf jeden Fall aber ist es das Lebenswerk von Hans Jörg Schnitzer. Der Unternehmer hat sich in mehr als 80 Ländern umgeschaut, von überall hat er Fundstücke mitgebracht. Doch die Heimat liegt ihm besonders am Herzen. So hat er in seinem Lollipop-Museum an seinem Firmensitz nicht nur etliche Kreidler-Kräder, made in Zuffenhausen, sondern auch ein ganz seltenes Stück: einen der ersten Kopierer der Welt, entwickelt von Walter Eisbein, natürlich auch in Zuffenhausen.

Der Ingenieur Eisbein gründete seine Firma nach dem Krieg in einer ausgebombten Baracke, sein Büro war ein alter Wohnwagen. Im heimischen Wohnzimmer stand sein Reißbrett, da tüftelte und zeichnete er, entwickelte den Develop Blitzkopierer. Die Zeit drängte, denn Eisbein hatte an einem Wettbewerb von *Agfa* teilgenommen. Zwar hatte 1938 Edith Weyde bei *Agfa* und André Rott bei *Gaevert* das fotografische Diffusionsverfahren entdeckt, bei dem man keine Dunkelkammer und Chemikalien mehr brauchte. Erstmals konnte bei Tageslicht und ohne Fixierprozess gearbeitet werden – was später die Basis der Sofortbildkamera wurde. Doch noch fehlte ein Gerät für jedermann; das Umsetzen der Idee war bis dato nicht gelungen. Also schrieb Agfa den Wettbewerb aus. Eisbein gewann. 1949 erhielt er das Patent für das erste *Photo-Schnellkopiergerät*. Seine Firma Develop revolutionierte die Arbeitswelt. Doch mittlerweile gibt es sie nicht mehr, sie wurde von der Konkurrenz gekauft. Das ist die bittere Ironie der Geschichte: Die Kopierer haben das Original ausgelöscht.

ZIFFERBLATT EINER ALTEN KUCKUCKSUHR

FRÜHE KUCKUCKSUHREN ZEIGT DAS DEUTSCHE UHRENMUSEUM ///
ROBERT-GERWIG-PLATZ 1 /// 78120 FURTWANGEN ///
0 77 23 / 9 20 28 00 /// WWW.DEUTSCHES-UHRENMUSEUM.DE ///

FRIEDRICH EISENLOHRS UHRENLEGENDE
Kuckucksuhr – Deutsches Uhrenmuseum Furtwangen

Wenn es um die diversen Klischees des typisch Deutschen geht, rangiert sie ganz weit vorn: die Kuckucksuhr. Weltweit ist sie neben dem Münchner Oktoberfest zu einem schlagenden Symbol »deutscher Gemütlichkeit« geworden: Aus einem mit Hirschgeweih und Eichenlaub geschmückten Bahnwärterhäuschen der Gründerzeit ruft zu jeder vollen Stunde ein kleiner Kuckuck. Während man sie hierzulande heute als Kitsch belächelt, gelten »cuckoo clocks« in den USA mit ihrem »black forest«-Appeal vielerorts noch immer als Inbegriff des Deutschen und sind ein recht beliebtes Souvenir aus »Old Europe« geblieben. Übrigens ist der notorische Kitschverdacht ein Anachronismus; denn diese Art Uhr ist sehr, sehr viel älter als die Idee des Kitsches – das Wort »Kitsch« kam erst im ausgehenden 19. Jahrhundert auf, und zu diesem Zeitpunkt hatte die Kuckucksuhr schon Jahrhunderte auf dem Buckel! Sie ist ein kleines Kunstwerk des frühneuzeitlichen mechanischen Zeitalters und gehört zu den frühesten in größeren Mengen gefertigten Uhren für den Hausgebrauch.

Die erste urkundliche Erwähnung einer mechanischen Uhr auf der Basis eines Uhrwerks mit Zahnrädern datiert auf das Jahr 1335 und bezieht sich auf eine Konstruktion in der Kapelle des Palastes der Visconti in Mailand; die ersten Räderuhren nach diesem Vorbild waren freilich Einzelstücke, riesig und von Schlossern für Kirchtürme gefertigt. Als eigenes Handwerk etablierte sich die Uhrmacherei erst rund 300 Jahre später, und das vor allem im Schwarzwald. Insbesondere in der Gegend von Furtwangen, Lenzkirch und Neustadt prosperierte die neue Zunft seit dem frühen 18. Jahrhundert und erlebte bis in die 1840er-Jahre eine lange währende Blütezeit. Die frühen Schwarzwälder Uhren hatten ein aus Holz gefertigtes Zwölf-Stunden-Uhrwerk, als Antrieb diente ein Stein an einer Schnur mit entsprechendem Gegengewicht. Ab etwa 1740 setzte sich die Penduluhr durch, zeitgleich kamen die Kuckucksuhren auf. Seit 1850 weisen sie das auf einen gewissen Friedrich Eisenlohr zurückgehende, eingangs beschriebene Design auf, inklusive Metallgewichten in Tannenzapfenmontur.

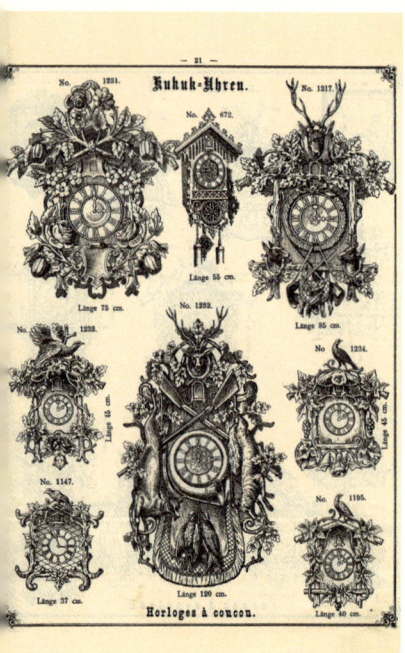

Historische Variationen der Kuckucksuhr

Die namensgebende Besonderheit der Kuckucksuhr besteht selbstredend im Schlagwerk: Als akustisches Zeitsignal dient ein mechanischer Kuckuck, im Gehäuse hinter einem Türchen über dem Zifferblatt angebracht, der zu jeder vollen Stunde herausschwenkt, begleitet von einem oder mehreren Kuckucksrufen. Diese Geräusche wurden ursprünglich durch ein Paar unterschiedlich hoher Miniatur-Orgelpfeifen im Inneren der Uhr erzeugt, einige spätere Patente verwendeten auch eine Flöte. Je nach Ausführung bewegt sich der mechanische Kuckuck – traditionell aus Holz geschnitzt und handbemalt –, öffnet den Schnabel und/oder wackelt sogar mit dem Schwanz. »Hardcore«-Exemplare des tickenden Deutschlandsymbols weisen noch diverse weitere Zierelemente auf, die sich zum Stundenschlag mitbewegen (Tänzer, zusätzliche Vögel und Ähnliches).

Wer die Uhr erfunden hat, ist angesichts ihrer langen Geschichte unklar; fest steht nur, es war nicht im Schwarzwald. Die Idee, den Glockenschlag durch den Ruf des Kuckucks zu ersetzen, ist älter als die Uhrmacherei im Schwarzwald; bereits 1619 gelangte so etwa eine kunstvolle Uhr mit Kuckucksschrei in die Sammlung des Kurfürsten August von Sachsen, und 1650 beschrieb Athanasius Kircher in seinem Handbuch zur Musik eine mechanische Orgel mit verschiedenen Figurenautomaten, darunter auch einer mechanischen Kuckucksfigur. Den Mythos Kuckucksuhr, der eine Weltkarriere hingelegt hat, erfand man hingegen unstreitig im Schwarzwald, und zwar Mitte des 19. Jahrhunderts. In diesen Jahren befand sich die hausgewerblich geprägte Schwarzwälder Uhrenherstellung in der Krise, denn die ersten Uhrenfabriken entstanden. 1850 rief man an der Furtwanger Uhrmacherschule Künstler und Gestalter dazu auf, neue, zeitgemäße Entwürfe für Uhren zu entwickeln. Die bekannteste Idee stammt von dem Eisenbahnarchitekten Friedrich Eisenlohr, der die Silhouette eines Bahnwärterhäuschens mit einem Zifferblatt versah – und damit die Traditionsuhr mit der fortschrittlichsten Technologie des 19. Jahrhunderts verband. Später kamen die üblichen Schnitzereien hinzu, und das Schwarzwaldsouvenir Nummer 1 war geboren.

Wer im Schwarzwald die ersten Kuckucksuhren für den täglichen Bedarf konstruiert hat, ist umstritten. Für das Franziskanermuseum in Villingen-Schwenningen steht fest, wem die Ehre gebührt: Franz Anton Ketterer aus Schönwald war's, im Jahr 1738. Doch die angebliche Erfindung durch den damals gerade einmal Vierjährigen ist längst als Mär entlarvt, obwohl insbesondere die Gemeinde Schönwald bis heute felsenfest an diesem Irrglauben festhält. Das Haus, in dem er lebte, steht noch, und eine Tafel weist auf das Ereignis hin. Franz Steyrer berichtet in seiner *Geschichte der Schwarzwälder Uhrmacherkunst* (1796) hingegen, dass Michael Dilger in Neukirch und Matthäus Hummel um 1742 als Erste anfingen, Kuckucksuhren zu bauen. Andere schreiben die erste Schwarzwälder Kuckucksuhr Ketterers Vater Franziskus (geboren 1676) zu. Unstreitig ist: Das theoretische Wissen um den Uhrenbau im Schwarzwald wurde in den Jahrzehnten nach 1740 stark durch Thaddäus Rinderle, einen Benediktinerpater und Mathematikprofessor an der Universität Freiburg, befördert. Rinderle, den man nur »Uhrenpater« nannte, konstruierte selbst immer neue Uhrenmodelle; 1787 gelang ihm der Bau einer astronomisch-geografischen Uhr. Sie ist, neben vielen historischen Varianten der Kuckucksuhr, teilweise schon aus den 1760er-Jahren, im höchst sehenswerten Deutschen Uhrenmuseum zu besichtigen. Hier kann man auch mit eigenen Augen sehen, dass die ersten Kuckucksuhren alles andere als kitschig waren.

MAULTASCHEN DER FIRMA BÜRGER
DER ERFINDUNGSORT DER MAULTASCHEN IST DAS
KLOSTER MAULBRONN /// KLOSTERHOF 5 /// 75433 MAULBRONN ///
0 70 43 / 92 66 10 /// WWW.KLOSTER-MAULBRONN.DE ///

DIE MAULBRONNER MÖNCHE BESCHEISSEN GOTT

Maultaschen – Kloster Maulbronn

Die Menschen haben ja schon viel gesucht. Die Grenzen der Welt wollten sie erforschen, Gold, Diamanten und Atlantis finden, dem Seelenheil rennt man hinterher. Dem Jungbrunnen und dem Yeti war man auf der Spur. Der schwäbische Gourmet steht vor einer ungleich größeren Herausforderung: Er arbeitet an der perfekten Maultasche. Das ist natürlich eine große Aufgabe, und eine, die wahrscheinlich trotz vieler Füllungen nie ihre Erfüllung findet. In eine ordentliche Maultasche gehören keinesfalls Lachs, Frischkäse, Rucola oder anderer neumodischer Schnickschnack. Man nehme gehackte Zwiebeln, eingeweichte Brötchen, Spinat und Brät, drehe alles durch den Fleischwolf und stecke es in die Teighülle. Allenfalls beim Zubereiten kann man streiten: Schmeckt die Maultasche besser in der Brühe oder geschmälzt?

Dieses Rezept ist jahrhundertealt. Entstanden ist es aus einem sehr schwäbischen Dilemma: Es war Fastenzeit. Doch die Mönche im Kloster Maulbronn hatten noch ein Stück Fleisch in ihrer Vorratskammer hängen. Bis Ostern hätten sich die Würmer daran gütlich getan. Gottgefällig wollten sie sein, die Mönche, aber halt auch nichts verkommen lassen. Was tun? Man sinnierte, wendete das Problem hin und her, erging sich in theologischen und kulinarischen Fragen – und kam schließlich auf die Lösung. Die Mönche zerhackten das Fleisch, färbten es mit Spinat und Kräutern grün, auf dass es der Herrgott unmöglich erkennen konnte. Zur Sicherheit stopfte man die Mixtur in Teigtaschen, sicher verborgen vor den Augen der himmlischen Heerscharen. Deshalb nennt der Volksmund die Maultaschen bis heute auch »Herrgottsb'scheißerle«. Vielleicht hat der liebe Gott den Betrug bis heute nicht durchschaut, viel wahrscheinlicher ist aber, dass er ein Auge zudrückt und sich hin und wieder als Abwechslung zu dem ganzen Manna eine ordentliche Portion Maultaschen munden lässt. Der Schwabe hat ja auch niemals etwas Göttlicheres erfunden.

MÄRKLIN-LOK

HISTORISCHE MODELL-ZÜGE ZEIGT DAS MÄRKLIN MUSEUM /// REUTLINGER STRASSE 2 /// 73037 GÖPPINGEN /// 0 71 61 / 60 82 89 /// WWW.MAERKLIN.DE ///

EUGEN MÄRKLINS MINIATUR-LOKS
Modelleisenbahn – Märklin Museum Göppingen

(27)

Die Geschichte war verschwunden. Über Nacht. Nur mehr leere Vitrinen und Trümmer von Schaukästen fanden sich am Morgen des 18. Januar 2005 im *Märklin Museum* in Göppingen. Draußen vor der Tür lagen noch zwei kleine Matrosen. Verschwunden war die Dampflok *Storchenbein*, die Urmutter aller Modelleisenbahnen aus dem Jahre 1891; verschwunden der stromlinienförmige Henschel-Wegmann-Zug, ein Nachbau jenes raketenartigen Gefährts, das in den 30er-Jahren zwischen Dresden und Berlin verkehrte; verschwunden das Linienschiff *Mecklenburg*; verschwunden der silbrige *Schienenzeppelin* mit seinem Propeller; verschwunden die Schiffsmodelle aus der Kaiserzeit; verschwunden die *Krokodile* aller Größen, jene berühmten Nachbauten der legendären Schweizer Gebirgsbahn. Die Polizei ermittelte, wie sie bekannt gab, in einer »besonders schweren Form des Diebstahls, Sache: Lokomotiven, Wert 1,5 Millionen Euro«. 185 Exponate hatten die Täter gestohlen; en miniature ist die Welt immer besonders hübsch – der Tann grün, die Häuser heimelig, die Menschen niedlich, die Züge immer pünktlich. Nun war diese Welt erschüttert, die Gemeinde ihrer Reliquien beraubt, eine Traditionsfirma ihrer Historie.

Diese Geschichte begann mit einer Frau, der resoluten Caroline Märklin. Ihr Mann, Theodor Friedrich Wilhelm, dessen Geburtstag sich 2017 zum 200. Mal jährt, war Flaschner. Er ersann 1859 ein Weihnachtsgeschenk für Mädchen: einen Herd mit einer echten Gasflamme, auf dem sich Gerichte für die Puppen kochen ließen. Der Gatte werkelte, und Caroline Märklin kümmerte sich um die vier Kinder und den Verkauf der Herde. Sie reiste durch Süddeutschland und in die Schweiz, um die Erzeugnisse der *Märklinschen Manufaktur* zu verkaufen. Das Geschäft florierte, es gab sogar ein Kochbuch mit dem Titel *Haustöchterleins Puppenküche*. 1866 stürzte Theodor Märklin die Kellertreppe hinunter und starb. Caroline musste die Familie ernähren und führte die Firma weiter. Sie war Handelsreisende in Sachen Mädchenträume, verkaufte alles für die Puppenstube und das Kinderzimmer: einen Aussteuerschrank mit Spiegel, einen

Illustration einer alten Märklin-Verpackung

Toilettenkasten, eine spanische Wand, eine Zimmerorgel und einen Blumentisch, gerne auch mit Glas und Fischen. Bis sie 62 Jahre alt war, blieb sie die Chefin. 1888 schließlich stiegen die Söhne Eugen und Carl ein.

Eugen hatte als Handelsreisender nicht nur den Musterkoffer der Firma Märklin dabei, er bot auch die Produkte der Firma *Ludwig Lutz* aus Ellwangen an. Dort bauten sie Modellbahnen. In Leipzig präsentierte Eugen Märklin erstmals eine Eisenbahn aus Lutzscher Fertigung, die auf einem Gleis in Form einer Acht fuhr. Ein System, das erweiterbar war. Und das zur Norm wurde – Spur 1 mit Breite 45 Millimeter. Gleise und Loks konnten getauscht werden. Kurze Zeit später wurde Lutz Privatier und verkaufte seine Fabrik an Märklin. Die Spielzeugeisenbahnen fuhren mit Volldampf ins Kinderzimmer. Die Gesellschaft liebte den Fortschritt, die Welt drehte sich schneller, angetrieben von Motoren und Dampfmaschinen. Märklin zähmte die Technik, schrumpfte sie und machte sie erlebbar. 1900 arbeiteten bei Märklin schon 700 Menschen. 1910 exportierte er Spielzeug im Wert von 90.000 Goldmark allein nach New York. 1935 brachte Märklin die Spur H0 auf den Markt, mit der Spurbreite 16,5 Millimeter. Vorher hatte man das Stockwerk einer großbürgerlichen Villa gebraucht, um eine Eisenbahn aufzubauen, nun reichte ein Tisch. Auf dem spielten Opa, Vater und Enkel. Gut, meistens spielten der Opa und der Vater, für Kinderhände waren die Loks zu wertvoll. In unzähligen Hobbykellern kreisten die Züge, sie gehörten zum Inventar der alten Bundesrepublik. Es gibt selbstverständlich den Alt-Kanzler Helmut Kohl und Gartenzwerge in H0. Doch die Götterdämmerung machte vor Märklin nicht halt. Das Familienunternehmen geriet in fremde Hände, musste Insolvenz beantragen, rappelte sich aber wieder auf. Dank der treuen Fangemeinde.

Die war es auch, die letztlich den Eisenbahnraub vereitelte und dafür sorgte, dass die Polizei Rale, Pipo und Pedo schnappte. So nannten sich die Schmalspur-Diebe mit Spitznamen. Pedo hatte den Raub ausbaldowert, allzu schwer schien ihm die Sache nicht. Mehr mit roher Kraft denn mit Raffinesse verschafften er und seine Kumpane sich Zugang, sie brachen die Tür des Notausgangs auf. Die Beute landete in Wien bei einem Hehler namens Momo, der in der Bahngasse wohnte. Doch der bekam das Spielzeug nicht an den Mann. Denn jeder, der jemals eine Märklin-Lok gelenkt hatte, empfand die Tat als Frevel. Das führte dazu, dass ein übernatürlich begabter Eisenbahner vor der Polizei das Pendel kreisen ließ, um die Diebe zu finden. Aber vor allem dazu, dass der Markt einbrach. Die Liste der gestohlenen Güter hatte sich verbreitet, kein Sammler kaufte mehr, im Gegenteil – alle fahndeten nach den Loks und Schiffen. Märklin hatte 200.000 Euro Belohnung ausgelobt. Die Räuber waren aufs Abstellgleis gefahren. Ein verdeckter Ermittler bot sich als Käufer an, der Hehler suchte Kontakt und bot die Loks zum Kilopreis an, wie Altmetall. Zehn Kilo für 50.000 Euro. Die Falle schnappte zu. Die Polizei verhaftete die Täter. Und fand alle 185 Exponate. Allerdings leicht derangiert, verschrammt und verbeult. Aber sie waren wieder zu Hause. Nach drei Monaten hatte Märklin seine Geschichte wieder.

ANDREAS STIHL UND DIE AXT IM WALDE
Motorsäge – Waiblingen

28

In die illustre Reihe der großen Erfinderpersönlichkeiten aus Baden-Württemberg gehört nach allgemeinem Dafürhalten auch Andreas Stihl, der Erfinder der (Elektro-)Motorsäge. Nicht nur Holzfäller wissen, was sie seiner Erfindung verdanken; jeder Heimwerker und Schrebergärtner hat heutzutage eine Kettensäge zu Hause. Die günstigsten Modelle bekommt man im Baumarkt für 60 Euro, entsprechend kommt die Kettensäge in jedem zweiten drittklassigen Horrorfilm zum Einsatz. Geräte der Firma Stihl sind jedoch hochpreisig und nur im Fachhandel erhältlich. Es sind vor allem die Profis des neben Ackerbau und Viehzucht wohl tatsächlich ältesten Gewerbes der Welt, die die Bedeutung dieser Erfindung richtig einschätzen können. Ihr Werkzeug der Wahl war über Jahrtausende die Axt. Zwar wurden in England bereits um 1800 erste Kreis- und Bandsägen hergestellt, aber die halfen erst bei der Weiterverarbeitung des natürlichen Rohstoffes. Beim eigentlichen Fällen der Baumriesen im Wald galt noch lange die klassische Arbeitsteilung von Axt und einfacher Säge: Das Fällen wurde wie vor 10.000 Jahren mit der Axt durchgeführt, das Entfernen der Äste erfolgte mit der Säge. Deren untergeordnete Rolle blieb bis zur Erfindung der maschinellen Kettensäge bestehen. In manchen Regionen der Welt sind Sägen bis ins 20. Jahrhundert gar nicht bekannt geworden. Auf der anderen Seite wurde ihr Potenzial andernorts früh erkannt: Die österreichische Kaiserin Maria Theresia etwa ordnete bereits 1752 an, dass die Bäume »nicht mehr nach alten, verderblichen Gewohnheiten mit der Hacken, sondern mit der Sag nahe der Wurzen« gefällt werden sollten. Denn auf diese Weise bekam man einerseits weniger Holzabfall und gewann andererseits eine bessere Düngung durch die anfallenden Späne. Doch ihrer herrschaftlichen Anordnung wurde kaum Folge geleistet.

Waldarbeit blieb so oder so bis Ende des 19. Jahrhunderts schwerste Handarbeit; die altehrwürdige Tätigkeit war damals schon lange kein einträglicher Berufszweig mehr. Da andererseits Holz als Rohstoff unter anderem zur Papierherstellung eine grö-

Stihl-Motorsäge

ßere Bedeutung denn je hatte, brauchte es eine technische Lösung, um das Berufsfeld wieder rentabel zu machen. Daran arbeitete unter anderem der gebürtige Züricher Andreas Stihl. Nach dem Studium des Maschinenbaus ließ er sich in Stuttgart nieder und gründete hier 1923 im Alter von 26 Jahren gemeinsam mit Carl Hohl ein Ingenieurbüro, drei Jahre später die bis heute existierende Firma, die seinen Namen trägt (heute noch Weltmarktführer in der Kettensägenherstellung mit Milliardenumsatz).

Stihl arbeitete zunächst an Dampfkesseln, aber ihn beschäftigte in diesen frühen Jahren besonders eine Idee: Er wollte eine tragbare, maschinelle Säge entwickeln, die vor Ort, also am Baum, einsetzbar sein sollte. Denn inzwischen hatte die Maschinisierung auch in die Waldarbeit Einzug gehalten: Ungefähr seit dem Beginn des 20. Jahrhunderts wurden überall die ersten benzinbetriebenen Sägemaschinen wie die deutsche *Sector* eingesetzt; es handelte sich dabei um riesige, zentnerschwere und aufwendig zu bedienende Kreissägen,

Motorsäge – Waiblingen

mit denen man die Stämme bereits gefällter Bäume zersägte. Stihl aber wusste: Die Zukunft gehörte der handgetragenen Kettensäge. Deren technisches Prinzip (eine Sägekette, die um eine Schiene läuft) war bereits 1830 vom Würzburger Arzt Bernhard Heine verwendet worden, um Knochen zu zersägen, doch der Antrieb war das Problem, das es zu lösen galt, um ganze Bäume mit der Kettensäge zu fällen. 1926 entwickelte Stihl die erste Elektro-Kettensäge, noch ein Zweimanngerät, das für den Einsatz auf Ablängplätzen bestimmt war. Die erste serienmäßig hergestellte benzinbetriebene Motorsäge brachte sein großer Konkurrent Emil Lerp, Gründer des Hamburger Unternehmens Dolmar, im Jahr 1927 auf den Markt. Auch dieses schwere Gerät musste noch von zwei Personen bedient werden und konnte zudem nur senkrechte Schnitte ausführen. Erst 1952 wurde die erste Einmann-Motorsäge vorgestellt, von Stihl. Den vollständigen Durchbruch in Richtung eines ortsunabhängigen Einsatzes des Geräts ermöglichten Fortschritte in der Vergasertechnologie in den 1950ern. Seit Ende der 1950er sind benzinbetriebene Einmannsägen marktgängig, ihr Einsatz ermöglichte eine sprunghafte Produktivitätssteigerung bei der Holzernte. Stihl, seit 1971 die meistverkaufte Motorsägenmarke der Welt, war von Anfang an bei jeder technischen Neuerung dabei. Heute hat das Unternehmen über drei Milliarden Jahresumsatz, und in Waiblingen-Neustadt kann man das Imperium besichtigen. Das Stihl-Werk ist für die Öffentlichkeit leider nicht zugänglich. Allerdings ist die Galerie Stihl Waiblingen sehenswert, die sich auf Arbeiten auf beziehungsweise aus Papier spezialisiert hat. Sie hat keine Verbindung zum Unternehmen.

HOHNER-MUNDHARMONIKA TRUMPET CALL VON 1907

DIE SAMMLUNG HOHNER ZEIGT DAS DEUTSCHE HARMONIKAMUSEUM ///
HOHNERSTRASSE 4/1 /// 78647 TROSSINGEN /// 0 74 25 / 2 16 23 ///
WWW.HARMONIKA-MUSEUM.DE ///

MATTHIAS HOHNER MACHT DAS »BLÄSLE« HIP

*Mundharmonika –
Deutsches Harmonikamuseum Trossingen*

»Harmonica« heißt der Mann. Was nur folgerichtig ist: Obschon Charles Bronson, Claudia Cardinale und Henry Fonda mitspielen, ist doch der Star des Films eine andere – die Mundharmonika. Eine von Hohner natürlich. Bronson mimt in *Spiel mir das Lied vom Tod* nur den Musikanten, in Wirklichkeit spielt Franco de Gemini *Das Lied vom Tod* oder *Man with the harmonica*, wie es auf Englisch heißt. De Gemini hatte für das Lied extra seine Lieblings-Hohner zerlegt und wieder zusammengebaut, damit sie so staubtrocken und gespenstisch klang, wie es Komponist Ennio Morricone wünschte.

Er konnte natürlich auch anders, er spielte die Hohner auch für Leonard Bernstein in *West Side Story*. Das passende Musical für die Mundharmonika, war sie doch selbst eine Einwanderin. Ersonnen in Deutschland, berühmt gemacht von dem begnadeten Verkäufer Matthias Hohner. Uhrmacher hatte der Trossinger gelernt, doch war er mehr Hausierer, der seine Uhren auf dem Buckel über Berg und Tal schleppte, um sie zu verkaufen. Mehr schlecht als recht konnte man von der Plackerei leben, also sattelte Hohner auf Mundharmonikas um. Auf Anraten seiner Gattin Anna schickte er dem Vetter Hans in Übersee ein Paket mit den Instrumenten, die sollte er verkaufen. Die deutschen Auswanderer rissen Hans die Mundharfen aus der Hand. Die Harmonika verbreitete sich in den USA, sie war günstig, man konnte sie überallhin mitnehmen. Auch die Schwarzen entdeckten sie; auf dem schwäbischen »Bläsle« entstand der Blues. John Lennon, Bob Dylan, Bruce Springsteen, Neil Young, Steven Tyler machten auf dem »Goschenhobel« Musik. Selbst im All kennt man Hohner. Der Astronaut Walter Schirra umrundete mit der *Gemini 6* die Erde, auf dem Rückflug packte er seine Hohner *Little Lady* aus – und spielte *Jingle Bells*. Das Deutsche Harmonikamuseum beherbergt die Sammlung Hohner mit etwa 25.000 Mundharmonikas.

DIE GEH-KLASSE IST IM STUTTGARTER WESTEN UNTERWEGS. GERNE STEHT DAS PARKRAUMWUNDER VOR KNEIPEN UND RESTAURANTS, ETWA DEM FISCHLABOR /// LUDWIGSTRASSE 36 /// 70176 STUTTGART /// WWW.FISCHLABOR-STUTTGART.DE ///

GERHARD WOLLNITZ' »GEH-KLASSE«
Parkraumwunder – im Stuttgarter Westen

Die Autofahrer in Stuttgart hatten neulich eine Erscheinung: Ein seltsames Gefährt zuckelte da mitten zwischen ihnen über die Heilbronner Straße. Erst beim Überholen merkten sie, dass der Antrieb nicht von Daimler, Benz oder Diesel erdacht wurde, sondern ein original Gerhard Wollnitz ist. Quer durch die Stadt zog der 47 Jahre alte Stuttgarter »seinen Handwagen der Geh-Klasse«, wie er ihn nennt, von der Freien Werkstatt *Hobbyhimmel* in Feuerbach, wo er den Holzrahmen gebaut hatte, bis zu den Wagenhallen, wo er an den Feinheiten arbeitete. Also beispielsweise die »Lichter« aufklebte.

Wollnitz hat noch mehr Namen für sein Konstrukt. Das kleine *Parkraumwunder* oder liebevoll »mein Trojanisches Pferd«. Von hinten, von vorne und von der linken Seite wirkt es wie ein Auto, rechts allerdings ist es offen – man kann hineinsteigen und auf Bänken Platz nehmen. Entschuldigung, das war falsch gesagt – man *soll* sogar hineinsteigen und Platz nehmen. Und so taucht es immer wieder irgendwo in der Stadt auf, schmuggelt sich in eine Parklücke und wartet auf Gäste. »Ich will die Leute einladen, sich wieder im öffentlichen Raum aufzuhalten«, sagt Wollnitz. Die Städte habe man einst für Menschen geplant, gerade die Gründerzeitviertel im Süden und im Westen seien entstanden, als man sich zu Fuß bewegte. Heute sind weite Teile dieser Viertel vor allem Parkfläche. »Wenn Sie sich dort als Fußgänger bewegen, sind Sie eingekeilt von Autos«, erklärt der *Parkraumwunder*-Schöpfer, »der Platz für Fußgänger schrumpft immer mehr, er wird von Autos belegt, die zumeist 23 Stunden am Tag nur rumstehen.« Wenn die Leute ihre Autos wenigstens nicht abschließen würden, dann könnte man hineinsitzen und zum Beispiel kuscheln oder lesen oder vor schlechtem Wetter flüchten. »Das wäre doch eigentlich nur recht und billig, wenn man schon nahezu kostenfrei den öffentlichen Raum belegt, oder?« Eine rhetorische Frage, natürlich.

Wollnitz ist ein Idealist, aber nicht naiv. Hauptberuflich war er Vater und Fahrradkurier, nun ist er Gestalter mit eigenem Atelier im Westen. Der lange Tisch im *Schlesinger*, der stammt beispiels-

Gerhard Wollnitz und sein Parkraumwunder

weise von ihm. Gerade nimmt er sich aber eine Auszeit, schuftet in einem Brotjob. »Ich muss meine Batterien aufladen«, sagt er. Doch wohin mit all der Kreativität? Sie steckt in seinem *Parkraumwunder*. »Das Auto ist für die Stadt etwa das Gleiche wie ein Elefant für das Schlafzimmer«, zitiert er den Wiener Stadtplaner Hermann Knoflacher. Deshalb stellt Wollnitz nun ein Trojanisches Pferd auf die Straße im Stuttgarter Westen. »Ich schließe meinen Wagen nicht ab, wenn ich ihn abstelle«, sagt er, »und überall, wo er bisher stand, haben ihn vor allem die Kinder erobert.« Das sei ja auch kein Wunder, schließlich seien vor allem die Kinder und die alten Menschen die Leidtragenden der autogerechten Stadt. »Wissen Sie, woran man eine menschengerechte Stadt erkennt?«, fragt er. Und gibt die Antwort gleich selbst. »Der dänische Stadtplaner Jan Gehl hat gesagt: ›Sie müssen einfach schauen, wie viele Kinder und Alte sich in der Stadt bewegen.‹« Dazu will Wollnitz seinen Beitrag leisten. Und nützt Lücken auf der Straße und im Gesetz. Seinen Handkarren darf er nämlich auf jedem Parkplatz abstellen und muss nichts dafür zahlen. »Ich habe mich bei der Stadt erkundigt«, sagt Wollnitz, »ich darf meinen Wagen überall abstellen, wo Parkflächen eingezeichnet sind.« Das sei ja auch nur gerecht, schließlich darf er ihn laut Straßenverkehrsordnung nicht auf dem Bürgersteig schieben, da würde er die Fußgänger behindern. »Außerdem ist es ja ein Rennwagen, und der gehört auf die Straße.« Wie es sich gehört, hat er die Leistungsdaten parat. 200 Kilogramm Leergewicht, 3,60 Meter lang, 1,80 Meter breit und 1,80 Meter hoch. Sechs Sachen macht der Wagen im Flaneurmodus, 20 Kilometer in der Stunde im Rennbetrieb. Oder auch mehr – wenn man etwa Usain Bolt zum Ziehen engagieren würde. Ganz emissionsfrei sei der Wagen nicht, 60 Gramm pro Stunde betrage der Ausstoß an Kohlendioxid – Atemluft. Und eine Prise Schuhsohlenabrieb.

Um besser die Gipfel stürmen zu können, denkt Wollnitz darüber nach, einen Elektromotor einzubauen. Und er sinniert bereits über weitere Wagen. »Sonneninseln, Fahrradständer, Pflanzen, Fußballtore; man kann im Prinzip alles draufbauen. Und sogar auf der Partymeile Theodor-Heuss-Straße Rennen fahren«. Schaumstoffwürfel will er in den Wagen hängen. Denn »das ist das Zeichen, dass ich mitmachen will und an der roten Ampel auf Konkurrenten warte.« Und wenn er abgehängt wird, so ist er sicher, dass er an der nächsten roten Ampel wieder auf Augenhöhe sei. So wie bei der Mär von Hase und Igel. Oder besser gesagt, vom Elefanten und Trojanischen Pferd.

PORTRÄT VON PAUL SCHLACK

MEHR ÜBER PERLON UND SEINEN ERFINDER ERFÄHRT MAN IM STADTMUSEUM LEINFELDEN-ECHTERDINGEN /// HAUPTSTRASSE 79 /// 70771 LEINFELDEN-ECHTERDINGEN /// 07 11 / 79 10 82 ///

PAUL SCHLACK MACHT FRAUEN GLÜCKLICH
Perlonfaden – Stadtmuseum Leinfelden-Echterdingen (31)

Steigt der Rohölpreis, steigt auch der Preis von Miedern und Dessous. Sinkt er, ist die Wäsche günstiger. Stimmt nicht? Stimmt doch. Und das liegt nicht nur an den steigenden Transportkosten. Sondern auch daran, dass viele Kunstfasern auf Rohölbasis hergestellt werden. Vom Wert des Rohöls ist demzufolge auch Paul Schlacks Erfindung betroffen – wurde sie früher doch aus Benzol und wird sie heute aus Erdöl hergestellt. Dabei hat sich seine Kunstfaser seit 1938 auf dem Weltmarkt gehalten – und ist zu den unterschiedlichsten Produkten verarbeitet worden: zu Fischernetzen, Abschleppseilen, Fallschirmen, Operationsfäden, Wäsche – und vor allem zu Strümpfen.

Perlon heißt der Stoff, aus dem jahrzehntelang die Träume vieler Frauen waren. Ja, waren: Denn bereits als Paul Schlack am 19. August 1987 in Leinfelden-Echterdingen starb, hatte das Perlon seine größte Zeit hinter sich. Neue Kunstfasern, aus denen atmungsaktive und knitterfreie Textilien genäht werden können, setzten sich gegen das Perlon durch. Dennoch werden auch heute noch jährlich auf der Welt sieben Millionen Tonnen Polyamide hergestellt, 57 Prozent davon sind Perlon – und nur 38 Prozent Nylon.

Nylon war das Konkurrenzprodukt zu Perlon. Mitte der 1930er-Jahre hatte der amerikanische Chemiker Wallace Hume Carothers diese erste vollsynthetische Faser entdeckt und patentrechtlich schützen lassen. Paul Schlack wusste: Wenn er ein Konkurrenzprodukt erfinden wollte, das besser und einfacher zu produzieren war als Nylon, musste er das US-Patent umgehen. Und so experimentierte er mit Substanzen, die die Amerikaner als ungeeignet verworfen hatten. Doch von Anfang an – und damit zurück nach Deutschland, wo Paul Schlack am 22. Dezember 1897 als Beamtensohn in Stuttgart geboren wurde: Schlack besuchte das Königliche Eberhard-Ludwigs-Gymnasium und begann mit knapp 18 Jahren ein Studium der Chemie an der Technischen Hochschule in seiner Heimatstadt. Der Kriegsdienst zwang ihn, seine Studien für drei Jahre zu unterbrechen. 1921 bestand er sein Examen mit Auszeichnung. Er erforschte zunächst in einem wissenschaftlichen Labor in Kopenhagen die Struktur von Eiweiß-

Perlon-Messestand von 1952

stoffen, kehrte 1924 zusammen mit seiner Frau, einer Dänin, nach Deutschland zurück, um sich bei *Agfa* in Wolfen mit der Herstellung von Kunstseide zu befassen. 1926 wechselte er zu *Acetat* nach Berlin. Dort machte er sich daran, einen reißfesten, scheuerfesten, hochelastischen, strapazierfähigen und mottensicheren Endlosfaden zu erfinden. In der Nacht vom 28. auf den 29. Januar 1938 gelang Schlack und seinem Assistenten das, wofür die Amerikaner einige Hundert Mitarbeiter unter der Leitung von Carothers benötigt hatten. Und: Schlacks Faser unterschied sich äußerlich kaum vom Vorbild Nylon – auch wenn sie vollkommen anders hergestellt wird. Am Abend seines Durchbruchs experimentierte Schlack mit reinem Caprolactam, einer klitzekleinen Menge Aminocapronsäurehydrochlorid und einer Spur Wasser. Nach einer Nacht im 240 Grad heißen Bombenofen war das Gemisch zu einer zähen Masse geworden, aus der sich im erwärmten Zustand hervorragend dünne Fäden ziehen ließen.

Erstaunen erntete Schlack bei seinem Direktor, der kopfschüttelnd vor der Maschine stand, die das neue Material verspann. Ob denn der Faden nie abreiße, wollte er wissen. Schlack soll geantwortet haben: »Der Faden spinnt bereits fünf Stunden aus der Düse, abreißen wird er erst, wenn der Vorrat an Schmelze erschöpft ist.« Woraufhin der Direktor prophezeite, dass dies die Lebensarbeit des Herrn Schlack werden würde. Er sollte recht behalten. Denn die Masse aus dem Bombenofen wurde ein Bombenerfolg: Perlon ist dehnbar, temperaturbeständig, leicht zu waschen – was wichtig ist, da es schnell müffelt – und beinahe unverwüstlich. Also wie gemacht für Damenbeine und Kriegseinsatz.

Schon wenige Monate nach Schlacks Entdeckung, die im Sommer 1938 das Reichspatent mit der Nummer 748253 erhielt, wurde der erste Versuchsstrumpf aus Perlon produziert. Er war elastischer, billiger und riss nicht so schnell wie die bis dahin angesagten Seidenstrümpfe. Dann wurde Perlon als kriegswichtiges Produkt eingestuft, das für das Militär gebraucht wurde. Aus Perlon entstanden Hochdruckschläuche für Flugzeugreifen, Seile und Borsten für die Reinigung von Waffen. Weil aus Japan keine Seide mehr importiert werden konnte, mussten auch Fallschirme aus der Faser hergestellt werden. Schlack erhielt das Kriegsverdienstkreuz erster Klasse. Erst vier Jahre nach Kriegsende konnte die Perlonherstellung wieder anlaufen. Der Stoff wurde zum Symbol des Wirtschaftswunders: 30 Millionen Strümpfe wurden 1951 in Westdeutschland verkauft, das Paar für zehn Mark. 1955 waren es 100 Millionen zum Preis von nur noch drei Mark.

Während der Nylon-Entdecker, der unter Depressionen litt und Alkoholprobleme hatte, 1937 eine tödliche Zyankalikapsel schluckte, konnte Schlack den Erfolg seiner Erfindung auskosten. Dem Wissenschaftler wurden zahlreiche nationale und internationale Ehrungen zuteil. 1961 wurde er zum Honorarprofessor für Textilchemie an der Technischen Hochschule Stuttgart ernannt. Mit 89 Jahren starb er am 19. August 1987 in Stetten auf den Fildern. Ob sein letztes Hemd aus Perlon war, ist nicht überliefert.

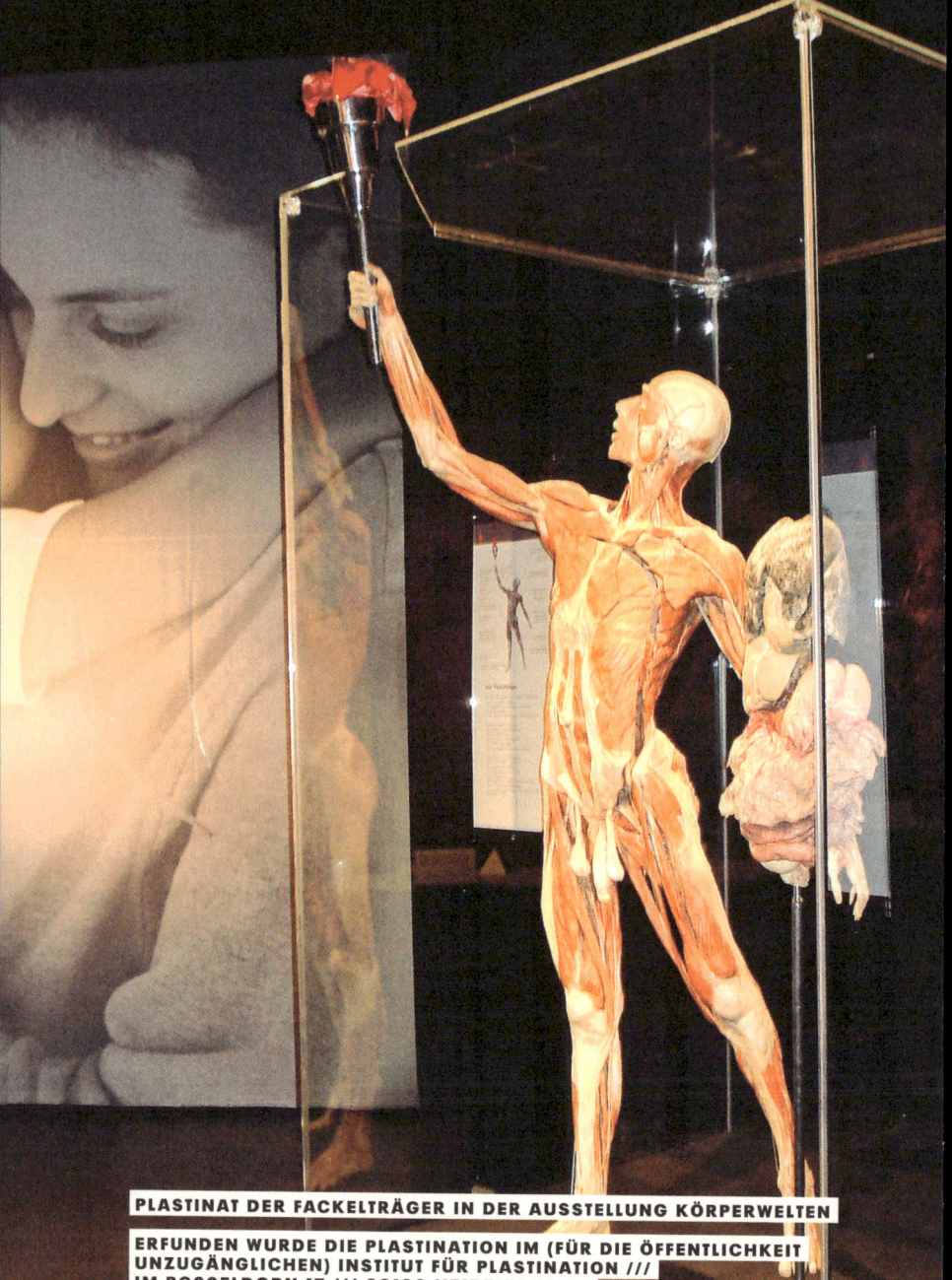

PLASTINAT DER FACKELTRÄGER IN DER AUSSTELLUNG KÖRPERWELTEN

ERFUNDEN WURDE DIE PLASTINATION IM (FÜR DIE ÖFFENTLICHKEIT UNZUGÄNGLICHEN) INSTITUT FÜR PLASTINATION /// IM BOSSELDORN 17 /// 69126 HEIDELBERG ///

DIE KÖRPERWELTEN-AUSSTELLUNGEN TOUREN DAS GANZE JAHR DURCH DIE WELT, INFORMATIONEN UNTER WWW.KOERPERWELTEN.COM ///

GUNTHER VON HAGENS' KÖRPERWELTEN
Plastination – Institut für Plastination Heidelberg

Als Anatom betreibt von Hagens sein Geschäft vorwiegend im Stillen, doch wenn's ums Werben für die *Körperwelten* geht, kann es ihm nicht laut genug sein. Er hat das ewige Leben erfunden, die Seele konnte er nicht fassen, dafür ist weiter die Kirche zuständig, doch in Heidelberg hat der Arzt eine Methode entwickelt, den Körper in Silikonkautschuk überdauern zu lassen – die Plastination. Dabei entstanden die berühmten *Plastinate*, die es sogar zu einem Gastauftritt bei James Bond brachten. Da pokerten sie. Von Hagens hat auch keine Scheu, sie auch beim Sex zu zeigen. Was Kirchen und Konservative schäumen lässt. Doch das Publikum kommt zu Hauf.

So auch 2003 in die Schleyer-Halle in Stuttgart. Die ersten Besucher standen bereits seit Stunden Schlange, da schob sich kurz vor der Eröffnung der bekannte schwarze Hut aus der Tür. Von Hagens schaut heraus und bittet um Geduld. An ihm liege es nicht, sondern am Ordnungsamt. Spricht's und schließt die Tür. Vor Journalisten zieht von Hagens später richtig vom Leder, er wittert Zensur, weil laut Verwaltungsgericht sechs *Plastinate* nicht gezeigt werden dürfen; sie seien nicht mit der Würde der Verstorbenen vereinbar. Später kassiert der Verwaltungsgerichtshof das Urteil.

Viel Feind, viel Aufregung, viel Publikum? Ob's dieser Dreisatz ist, der von Hagens auch dazu trieb, dem Stuttgarter Alt-Oberbürgermeister Manfred Rommel eine verbale Ohrfeige zu verpassen? Rommel hatte gesagt, er werde die Ausstellung nicht anschauen, er habe schon genug Tote gesehen. Für von Hagens war das Gerede von Menschen, die die Ausstellung nicht gesehen haben. Denn in der Ausstellung werde Anatomie demonstriert, das sei eine neuartige Präsentationsform postmortalen Seins. Im prämortalen Sein kann einem Ausstellungsmacher etwas Werbung nur guttun. Das wusste von Hagens immer. Also schnappte er sich den *Lehrer*, eines der verbotenen *Plastinate*, bei dem die Nerven freigelegt sind, und schleppte es dem Ausgang entgegen, umringt von Kameras und Mikrofonen. Ein genialer Erfinder – und ein genialer Verkäufer.

ALTE DARSTELLUNG DER CARLSSCHULE

AN DIE SCHULE ERINNERT HEUTE EINE GEDENKTAFEL NEBEN DEM AKADEMIEBRUNNEN, AKADEMIEGARTEN (ZWISCHEN LANDTAG UND LANDESBIBLIOTHEK) /// KONRAD-ADENAUER-STRASSE /// 70173 STUTTGART ///

GRÜNDUNGSORT DER HOHEN CARLSSCHULE IST SCHLOSS SOLITUDE /// SOLITUDE 1 /// 70197 STUTTGART /// BESICHTIGUNGEN UND FÜHRUNGEN UNTER WWW.SCHLOSS-SOLITUDE.DE ///

SCHWABEN-AUFSTAND LANGE VOR STUTTGART 21
Politaktivismus – Carlsschule-Gedenktafel Stuttgart

In den Politikwissenschaften wird seit einigen Jahren ein eigenartiger Trend beschrieben, in dessen Zuge politische Demonstrationen zu fantasievollen Körperinszenierungen geworden seien. Gleich ob es gegen *Stuttgart 21* geht, gegen Castor-Transporte, die Bankenrettung mit Steuermilliarden, die Überwachung durch die NSA oder gegen ein G-20-Treffen, es scheint heute nicht mehr zu reichen, sich zu versammeln, einige Plakate zu schwenken und diversen Rednern zu lauschen. Heute erinnern Demos an Karnevalsumzüge mit Tänzern, Trommlern und Kostümen. Das Spektakel für die Zuschauer scheint mindestens so wichtig wie die Zahl der Teilnehmer. Demos, ob einst in Heiligendamm gegen G 8 oder als »Slutwalk«, gleichen so, von außen betrachtet, kreativen Kleinkunst-Inszenierungen mit selbst gebastelten Wagen und Verkleidungen, die an ein Happening, den Karneval der Kulturen oder die Loveparade erinnern. Selbst die alternative *taz* fragt inzwischen gelegentlich, ob sich zu lautem Techno ausziehen und Konfetti werfen, wie es auf heutigen Demos üblich geworden ist, noch Politik sei.

Will man nun wissen, wer dies erfunden hat, lautet der erstaunliche Befund: die vermeintlich so biederen Schwaben. Und zwar nicht, als es gegen den geplanten Tiefbahnhof in der Landeshauptstadt ging, sondern bereits gut 200 Jahre vorher. Die Erfinder des Treibens waren Studenten einer Universität, der *Hohen Carlsschule*. 1770 von Herzog Karl Eugen als militärische Pflanzschule im herzoglichen Lustschloss *Solitude* bei Gerlingen gegründet, diente sie bald auch als Kunstakademie und später als allgemeine Hochschule – damals *die* Eliteschule für Söhne aus angesehenen württembergischen Familien. 1775 wurde sie vom Schloss *Solitude* nach Stuttgart verlegt, 1781 von Kaiser Joseph II. zur Universität erhoben und *Carls Hohe Schule* genannt. Das hinter dem Neuen Schloss gelegene Schulgebäude, zuvor eine Kaserne, wurde im Zweiten Weltkrieg zerstört und 1959 restlos abgerissen. Das Gebäude und seine Lage sind auf einer Gedenktafel neben dem Akademiebrunnen dargestellt.

Berüchtigt war die Institution für ihre autoritären Erziehungsmethoden, unter denen nicht nur Schiller litt: Aufstehen mussten die

Büste von Joseph Anton Koch am Ferdinandeum, Innsbruck

Schüler im Sommer um 5 Uhr, im Winter um 6 Uhr. Nach Musterung, Rapport und Frühstück begann um 7 Uhr der Unterricht. Von 11 bis 12 Uhr wurde die Montur gesäubert, dann kam eine Musterung durch den Herzog. Um 13 Uhr gab es Mittagessen, anschließend Spazierengehen unter Aufsicht und wieder Unterricht von 14 bis 18 Uhr. Nach einer Erholungsstunde kam die nächste Musterung, dann Rapport und Abendessen. Zu Bett gingen die Jungen um 21 Uhr. An Sonntagen waren längere Spaziergänge erlaubt, aber wieder nur unter Aufsicht. Besuche von Familienmitgliedern und Urlaub kamen selten vor, Ferien gab es nicht. Ein guter Ort für Widerstandsgeist!

Als Stuttgart im Zuge der Französischen Revolution mit einer massiven Welle geflohener Adeliger aus Frankreich konfrontiert war, die bei den Herrschaften am Stuttgarter Hof freundlich aufgenommen wurden und ihr Asyl fanden, gefiel das so manchem schwäbischen Anhänger der Ideen von Demokratie, Freiheit und Gleichheit überhaupt nicht. Es wird von einer Aktion vom 31. Januar 1791 bei Hofe berichtet, die diesem Unmut Ausdruck verleihen sollte und die wir hier kurz in den Worten eines Beteiligten namens Christoph Friedrich Pfaff schildern wollen, der sie in privaten Erinnerungen schilderte: »Vier von uns beschlossen […] die Abschaffung des Adels […] die damals unseren ganzen Beifall hatte, dramatisch unter den Augen der französischen Prinzen [der Emigranten in Stuttgart] […] aufzuführen. Zu diesem Behuf kleideten sich unserer drei […] in die französischen Nationalfarben, der eine weiß, der zweite blau, der dritte rot. Der Vierte […] stellte den Adel vor und erschien im mittelalterlichen Kostüm, bedeckt mit zahllosen Wappen […] und mit einer riesigen Stammbaumrolle ausgerüstet […]. [Man verschaffte sich heimlich Zutritt]. [Es] wurde nun in wiederholten Angriffen von den drei Franzmännern der arme Edelmann allmählich aller seiner Wappen beraubt, sogar sein Stammbaum zerrissen und endlich kahl aus dem Saale gejagt. Wir hatten auch die Keckheit, nach dieser Heldentat [...] noch einige Tänze mitzumachen.« Kostümierung und politische Äußerung, Theatralik und Aktion in einem, das war also schon vor 200 Jahren eine Sprache des Politischen.

Ausgelöst durch den Erfolg der Aktion, trug sich im März desselben Jahres folgendes Geschehen zu, wie einer 1839 erschienenen Biografie des berühmten Malers Joseph Anton Koch aus der Feder eines ehemaligen Mitstudenten an der Stuttgarter *Hohen Carlsschule* zu entnehmen ist: »Bald nach dem erwähnten Vorfall erschien auf einer Redoute [in einem herzoglichen Ballsaal] eine erhabene Gestalt mit langem grauem Bart und schauerlich ernstem Ausdruck [...], in langem weißen Gewande mit goldenem Gürtel, auf dem Haupt eine Krone, im rechten Arm die Sense, im linken eine Urne, bemalt mit einer Sanduhr und darüber die Worte ›sors gentium‹. Die Gestalt [...] stellte endlich mitten im Saale die Urne zu Boden und schwebte still hinweg.« In der angesprochenen Urne befanden sich über 200 Zettel mit revolutionären Parolen, die sich »schnell in der Menge verteilten«, so zum Beispiel: »… bedenkt, ihr Übermütigen, dass eure Macht auf einem Vorurteil ruht – schon wanken die Throne der Stolzen und bald werden sie stürzen!« Oder: »Die Deutschen werden endlich einsehen, dass sie nicht frei sind, streift die Fesseln des Despotismus ab und gehorcht ferner nur dem Gesetz!« Der kreative Ausdruck des politisch-widerständigen Willens aus der Mitte des Volkes heraus, gewaltfrei und oft auch humorvoll, ist also sicher keine Erfindung heutiger AktivistInnen, und wir wollen sie hier sehr gerne für Stuttgart in Anspruch nehmen.

QUADRATISCHE GLEICHUNGEN KENNT JEDER AUS DER SCHULE.

AN MICHAEL STIFEL ERINNERT EINE GEDENKTAFEL AUF DEM GELÄNDE DES EVANGELISCHEN PFARRHAUSES /// AUGUSTINERSTRASSE 12/1 /// 73728 ESSLINGEN ///

MICHAEL STIFELS APOKALYPSE UND SUDOKU

Quadratische Gleichungen (Formel) –
Stifel-Gedenktafel Esslingen

Er hat den Weltuntergang überlebt. Sogar um ganze 34 Jahre. Besser noch: Er ist unsterblich geworden. Wenn jemand einen rechten Stiefel zusammenrechnet, dann hat das nichts mit einem zahlenscheuen Schuhmacher zu tun, sondern geht auf den evangelischen Theologen und Mathematiker Michael Stifel aus Esslingen zurück. Der war nämlich so begeistert von seinen Rechenkünsten, dass er herausgefunden haben wollte, wann Gott sein Strafgericht halte. Im Buch Daniel wies er jedem Buchstaben eine Zahl zu und sagte so voraus, dass am 19. Oktober 1533 um 8 Uhr morgens die Welt untergehen werde. Nicht nur in seiner Gemeinde Lochau nahe Wittenberg sprach sich das herum. Die Bauern bestellten ihre Felder nicht mehr, viele versetzten ihr Hab und Gut, verhurten und versoffen das Geld. Man hatte ja nichts mehr zu verlieren. Familienväter sollen aus Furcht ihre Liebsten gemeuchelt haben, die Gräber wurden geöffnet, um den Toten das Auferstehen leichter zu machen. Es wurde 8 Uhr. Und es geschah – nichts. Fast nichts. Statt der Reiter der Apokalypse erschienen die Büttel des Kurfürsten Friedrich des Großmütigen und verhafteten Stifel. Nach vier Wochen kam er wieder frei. Sein Freund Martin Luther hatte ein gutes Wort für ihn eingelegt. Er vermittelte ihm eine Pfarrstelle bei Wittenberg. Über Ostpreußen landete Stifel an der Universität Jena, wo er der erste Professor für Mathematik wurde. Wenn Stifel sich nicht gerade mit der Apokalypse beschäftigte, war er ein genialer Rechenkünstler. Er entwickelte als Erster eine Formel zur Lösung quadratischer Gleichungen, er führte das Wurzelzeichen ein, verwandte Logarithmen und negative Zahlen – alles Pioniertaten der Mathematik. Als Spielerei entwarf er magische Quadrate, in denen die Summe jeder Zeile und Spalte die gleiche Summe ergab, ein mittelalterliches Zahlenrätsel und Vorläufer des Sudoku. Wie passend. In denen kann man sich gehörig verirren – und mitunter einen rechten Stiefel zusammenrechnen.

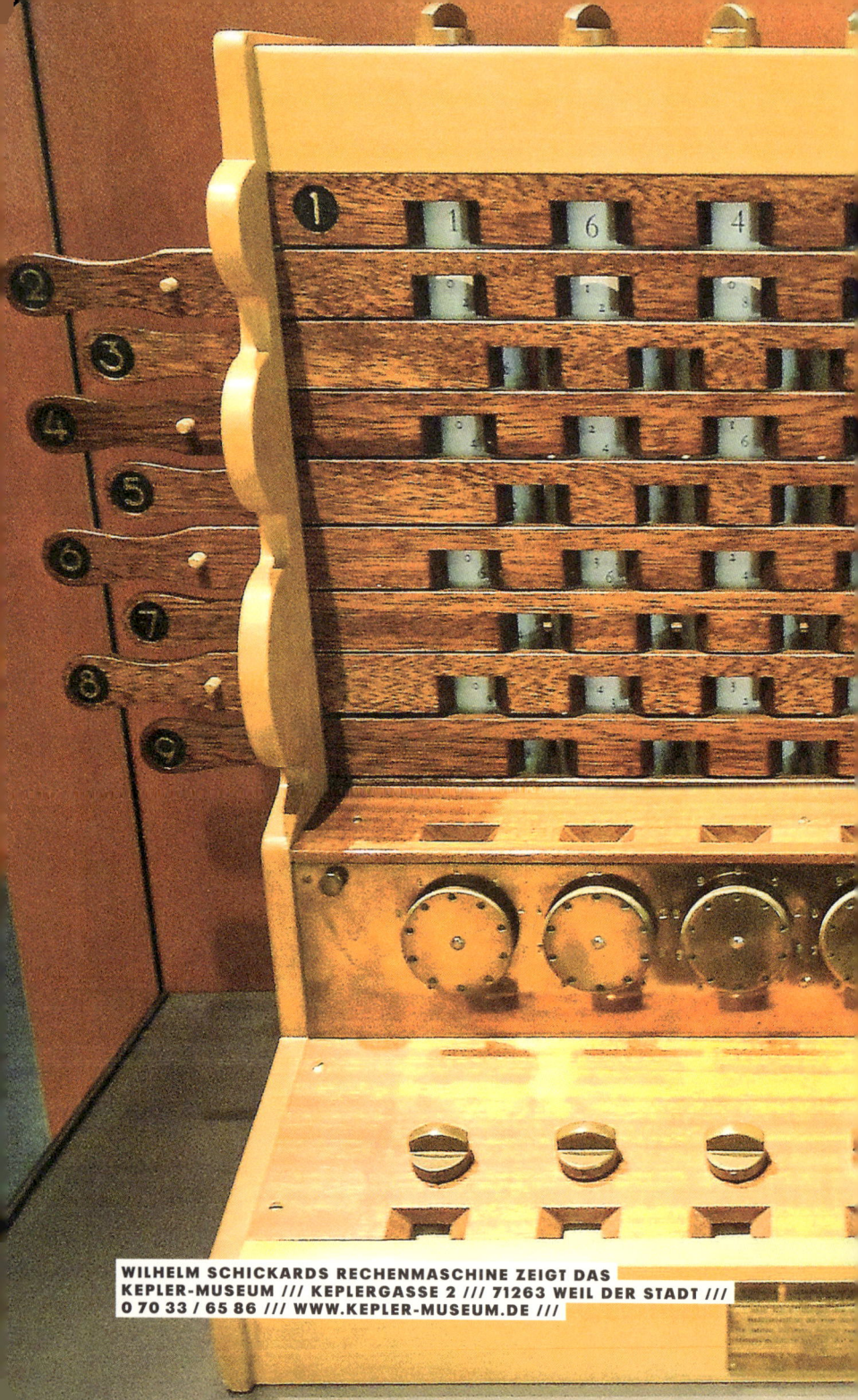

WILHELM SCHICKARDS GROSSE ERFINDUNG
Rechenmaschine – Kepler-Museum Weil der Stadt

Die erste Rechenmaschine der Welt ist eine schwäbische Erfindung. Sie stammt von Wilhelm Schickard. Schickard beschäftigte sich eingehend mit nahezu jeder technischen Frage seiner Zeit, sodass man ihn den »schwäbischen Leonardo« nannte. Unstreitig ist die erste mechanische Rechenmaschine der Welt sein Meisterstück. Er beschrieb seine Erfindung aus dem Jahr 1623 erstmals in einem erhalten gebliebenen Brief an Johannes Kepler, dem auch eine Zeichnung beilag.

Schickard war nicht nur ein kluger und höchst gebildeter Mann, sondern auch ein begabter Mechaniker. So baute er seine diversen Instrumente meist selbst – Kepler nannte ihn in einem Brief deshalb auch einen »beidhändigen Philosophen«. Schickard berichtet in dem erwähnten Brief, er habe seine Maschine 1623 fertig gebaut. Von ihm »Rechenuhr« genannt, diente sie ihm für seine diversen astronomischen Berechnungen. Ihre Besonderheit war der automatische Zehnerübertrag. Auf nur elf Drehteilen basierend, beherrschte die Schickard-Maschine mühelos und fehlerfrei die vier Grundrechenarten. Sie addierte und subtrahierte bis zu sechsstellige Zahlen, Probleme mit zu großen Werten signalisierte sie durch das Läuten einer Glocke. Um komplexere Berechnungen (Multiplikation, Division) zu ermöglichen, waren die kurz zuvor in Schottland erdachten Napierschen Rechenstäbchen in zylindrischer Form in das Gerät integriert. Auf diesen Stäben – einer bahnbrechenden Erfindung des Schotten John Napier, von dem auch der Begriff »Logarithmus« stammt – war jeweils eine Reihe des Einmaleins in quadratischen Feldern notiert; die Quadrate waren durch eine Diagonale halbiert, oberhalb der Diagonalen war jeweils die Dezimalstelle, unterhalb die Einerstelle eingraviert, also beispielsweise »2/4« für »24« im Falle der dritten Stelle der 8er-Reihe. Für Multiplikation und Division musste der Benutzer dieses interaktiven Geräts nun selbst tätig werden, im Fall des Malnehmens etwa die Teilprodukte mithilfe der Rechenstäben bestimmen und diese dann in das sechsstellige Summierwerk zum Addieren eingeben. So konnten schwierigste Divisionen recht schnell berechnet

Porträt von Wilhelm Schickard

werden. Anders als beim Taschenrechner musste der damalige Benutzer also ein wenig von Mathematik verstehen, um zu den richtigen Ergebnissen zu kommen. Das war bei einer Auflage von zwei Stück, eines für Schickard, eines für Johannes Kepler, aber kein Problem. Das erste Exemplar ging in den Wirren des Dreißigjährigen Krieges verloren, die zweite Ausführung, die Schickard für Kepler zur Berechnung der komplizierten Planetenbahnen in Auftrag gegeben hatte, wurde bei einem Brand vernichtet.

Dieses Pech brachte ihn für lange Zeit um den Nachruhm seiner Erfindung. Denn 1645 führte der berühmte französische Philosoph und Mathematiker Blaise Pascal eine Rechenmaschine vor (Pascaline), die mit Zahnrädern und Sperrklinken funktionierte. Er fertigte einige dieser Maschinen und versandte sie an europäische Fürstenhäuser. Aus diesem Grund existieren bis heute neben vielen Nachbauten auch noch einige Originale. Dabei stammt die eigentliche Erfindung (erste Konstruktionszeichnung und höchstwahrscheinlich auch erste funktionierende Rechenmaschine) eindeutig vom Schwaben Schickard. Die Konstruktionszeichnung war bis ins 20. Jahrhundert verloren; Hinweise samt Zeichnung fanden sich erst im umfangreichen Nachlass Keplers. Die Skizze Schickards befindet sich heute in der Württembergischen Landesbibliothek in Stuttgart. Der Tübinger Logik-Professor Bruno von Freytag-Löringhoff rekonstruierte danach im Jahr 1957 Schickhards Maschine – eine Sensation! Heute können Nachbauten im höchst sehenswerten Kepler-Museum in Weil der Stadt, im Tübinger Stadtmuseum in der Kornhausgasse, im Computermuseum des Wilhelm-Schickard-Instituts für Informatik der dortigen Universität und im *Arithmeum* in Bonn besichtigt werden.

Rechenmaschine – Kepler-Museum Weil der Stadt

Schickard wurde am 22. April 1592 als Sohn eines Schreiners und einer Pfarrerstochter in Herrenberg geboren. Seine Karriere war ihm nicht gerade in die Wiege gelegt, wurde aber durch eine gute Ausbildung ermöglicht: Er besuchte die Lateinschule, das fürstliche Alumnat in Bebenhausen und kam dann in das theologische Stift Tübingen. Bereits im Jahr 1614, mit 22 Jahren, war er Diakon in Nürtingen. Er beschäftigte sich intensiv mit alten Sprachen, Astronomie und Mathematik. Im Jahr 1617 begann die lange währende Freundschaft mit dem 20 Jahre älteren, in Linz lehrenden Johannes Kepler, einem gebürtigen Weil-der-Städter. Im Jahr 1619 wurde Schickard als Professor für Hebräisch an die Universität Tübingen berufen. Bei seiner Lehrtätigkeit suchte er nach einfachen Verfahren, den Schülern das Lernen zu erleichtern. So schuf er die *Rota Hebræa*, eine Darstellung der hebräischen Konjugation in Form zweier drehbarer Scheiben, die übereinandergelegt die richtigen Formen in Fenstern erscheinen ließen. Im Dienst der Herzöge von Württemberg war er als Städteplaner (Entwürfe für die Stadtanlage von Freudenstadt), Architekt (*Neuer Bau* in Stuttgart), Ingenieur und Kartograf unterwegs (ab 1624 begann er auf seinen Reisen durch Württemberg, offiziell als Schulaufseher für die Lateinschulen, das Land neu zu vermessen). 1631 erhielt er endlich die ersehnte Professur in Astronomie. Sein vielfältiges Wirken endete jäh: Während des Dreißigjährigen Krieges hatten die kaiserlichen Truppen die Pest ins Land gebracht. Schickards Frau und drei seiner Töchter starben binnen weniger Tage am Schwarzen Tod; bei ihrer Pflege steckte sich auch Schickard an, erholte sich aber wieder. Der nächsten Pestwelle erlag er dann am 24. Oktober 1635, erst 43 Jahre alt, zusammen mit seinem neunjährigen Sohn.

EIN SCHAUSPIELER MIMT BERTHOLD SCHWARZ.
DIE ZEIT VON BERTHOLD SCHWARZ NOCH EINMAL ERLEBEN KANN MAN MIT FREIBURG LIVING HISTORY /// BUCHUNG UNTER: 01 76 / 43 21 14 19 /// WEITERE INFORMATIONEN UNTER WWW.FREIBURG-LIVING-HISTORY.DE ///

LIESS ES BERTHOLD SCHWARZ DONNERN?

Schießpulver – Führung mit Berthold Schwarz Freiburg

Er wandelt noch umher, als sei er ein Untoter – der Franziskanermönch Berthold Schwarz. Dieser Wiedergänger ist natürlich ein Schauspieler, der Neugierigen das mittelalterliche Freiburg vorstellt. Aber wen verkörpert er da eigentlich? Berthold Schwarz, der Salpeter, Holzkohle und Schwefel zusammenrührte und so zum Erfinder des Schießpulvers wurde? Oder einen Erfinder, der des Lokalpatriotismus und Stadtmarketings wegen erfunden wurde?

Fast sieben Jahrhunderte ist es her, dass Berthold Schwarz gelebt haben soll. Nur Bruchstücke aufklauben konnten jene, die versucht haben das Rätsel zu lösen. Zu wenig ist überliefert, das meiste Hörensagen. So soll Schwarz einmal ein gewisser Konstantin Anklitzen gewesen sein oder Bertold von Lützelstetten, Domherr in Konstanz. Bewandert auf jeden Fall in den Künsten der Alchemie. Und bei einem seiner Versuche soll ihm die Mixtur um die Ohren geflogen sein – das Schießpulver war erfunden. Oder das Schwarzpulver, benannt nach seinem Erfinder. Glück soll es ihm keines gebracht haben. Man vermutete ihn mit dem Teufel im Bunde, was ihn 1388 angeblich den Kopf kostete. Laut Heinrich Hansjakob, der Ende des 19. Jahrhunderts auf Spurensuche ging, ist Schwarz nach Prag in ein Kloster geflüchtet und dort hingerichtet worden.

Andere Quellen lassen ihn leben, da kommt er nur ins Gefängnis. In einer Handschrift von 1410, die sich im Germanischen Nationalmuseum befindet, ist von einem Meister Perchtold die Rede, einem Alchemisten, der Gold suchte und Explosives fand. Auch die Chinesen, die Araber und der englische Franziskaner Roger Bacon erheben Ansprüche, das Schießpulver entdeckt zu haben. Viel Konkurrenz, viel Ehr'. In Freiburg ist man sicher, der Mönch Berthold ließ es als Erster donnern. Und nur dort kann man dem Erfinder des Schwarzpulvers leibhaftig begegnen und ihn beim Geistesblitzen bewundern.

WER ERFAND DIE KÖNIGIN DER TORTEN?

Schwarzwälder Kirschtorte – Festival in Todtnauberg

Es gibt ungeheuer viele Torten, das wissen nicht nur ältere Damen, die dem Klischee nach so gerne die Caféhäuser und Konditoreien des Landes besuchen. Egal, in welche kulinarische Liste man blickt – die bekannteste Torte, die Königin der deutschen Tortenkunst gewissermaßen, die es sogar in die Kühlregale der Discounter geschafft und zu weltweiter Berühmtheit gebracht hat (Ersteres übrigens kein Grund zur Freude für die wahren Freunde der Konditorkunst), ist die Schwarzwälder Kirschtorte. Man kann sie heute überall verspeisen, in den USA oder in Australien heißt sie »Black Forest Cake«, und selbst die Franzosen sollen inzwischen ihrem Charme erlegen sein.

Jeder kennt sie also, doch was ist ihr Geheimnis? Das typische Schwarzwälder Kirschwasser, die Harmonie der Zutaten, ihr Aussehen? Oder die stattlichen 350 Kilokalorien, die bereits ein kleines Stück (140 Gramm) enthält? Das muss jeder selbst entscheiden. Fest steht: Die wesentlichen Komponenten sind mit Kirschwasser aromatisierte Schokoladenbiskuitböden, eine aromatisierte Kirschfüllung, Sahne, Kirschen sowie Schokoladenraspeln als Verzierung. Ihren Namen trägt sie, so denken wir, wegen ihrer schwarz-weiß-roten Dekoration, die an die traditionellen Schwarzwald-Trachten erinnert – was hier der Bommel auf dem Hut ist, ist da die Kirsche auf der Torte. Abwegige Theorien, wonach die Zutaten eben typisch schwarzwäldlerisch seien oder gar die Schokoladenraspeln an den dunklen Schwarzwald gemahnten, lehnen wir entschieden ab! Die Erstkreation der Tortenspezialität, die heute jedes Kind kennt, erfolgte erst relativ spät, genauer im ersten Drittel des 20. Jahrhunderts. Unstreitig ist, dass es im Schwarzwaldraum und in der Schweiz diverse Vorläufer gab, in Gestalt von feinen Desserts aus den genannten Zutaten. Höchst umstritten ist aber der Erfinder, es gibt zwei Kandidaten für den Ehrenplatz im Olymp der Süßwarenhersteller.

Da ist zum einen der im schwäbischen Riedlingen geborene Konditormeister Josef Keller, der die Kreation der Schwarzwälder Kirschtorte für das Café Ahrend in Bad-Godesberg (heute ein Stadtteil Bonns) für das Jahr 1915 reklamierte. Leider kann heute

Offensichtlich Vorbild für die Deko der Torte: die Schwarzwälder Tracht

niemand mehr bestätigen, dass der schwäbische Meister bereits so früh diese Torte hergestellt hat. Seit 1927 will Keller die Torte in seinem eigenen Café in Radolfzell am Bodensee den Gästen kredenzt haben. Ein von ihm in diesem Jahr geschriebenes Rezept weckt indes Zweifel an seiner Urheberschaft: Im Gegensatz zur heute gängigen Version hatte Kellers Torte nur eine Lage und bestand gar aus Mürbeteig. Mürbeteig! Lediglich die typische Kombination Kirsch-Sahne-Schokolade und das Aromatisieren der Sahne mit Kirschwasser war bereits bei dieser Kreation anzutreffen. Übrigens war der »süße Josef«, wie Keller genannt wurde, menschlich gar kein Süßer, vielmehr bereits 1933 aktives Mitglied der NSDAP und Obmann der Radolfzeller Ortsgruppe der NS-Organisation *Kraft durch Freude*.

Schließen wir uns also lieber dem Tübinger Stadtarchivar Udo Rauch an, der 2007 den Tübinger Konditormeister Erwin Hildenbrand aus dem dortigen Café Walz als eigentlichen Erfinder der Torte ausgemacht hat und die Erstkreation des kulinarischen Welterfolgs auf das Frühjahr 1930 datiert. Eine Fotografie aus dieser Zeit zeigt den Zuckerbäcker sogar bei der Herstellung! Der Schwabe Hildenbrand holte sich immerhin wenigstens die Inspiration für das Zuckerwerk bei langen berufsbedingten Aufenthalten in Furtwangen und Freudenstadt im badischen Schwarzwald. Für Hildenbrand spricht auch, dass der Konditor Hermann Rammensee aus Rottenburg dem Fachmagazin *Konditorei und Café* des Deutschen Konditorenbundes 1931 meldete: »Fest steht, dass ich diese Spezialität im Jahre 1930 hier in meiner Heimatstadt Rottenburg am Neckar nachweisbar einführte. Im ehemals bestens bekannten Konditorei-Café Rudolf Walz in Tübingen wurde die Schwarzwälder

Schwarzwälder Kirschtorte – Festival in Todtnauberg

Kirschtorte erstmals von Konditormeister Erwin Hildenbrand im Jahre 1930 vorgestellt.« Bereits vier Jahre darauf wurde das Rezept zum ersten Mal schriftlich erwähnt, und zwar in dem Werk J. M. E. Webers, betitelt *250 Konditorei-Spezialitäten und wie sie entstehen*. Zunächst ein Geheimtipp in den mondänen Cafés der Großstädte Berlin und Wien, war die Schwarzwälder Kirschtorte in ihrem Siegeszug bald nicht mehr aufzuhalten.

Wir lernen daraus: Egal, wem man nun die Erfinder-Würde zuspricht, die Schwarzwälder Kirschtorte ist entgegen der allgemeinen Ansicht eine schwäbische Erfindung! Den Bezug zum badischen Schwarzwald hätte man bei Hildenbrand immerhin insofern, als Tübingen bis 1924 zum Schwarzwaldkreis gehörte. Lokalpatriotisch findet im schwarzwäldischen Todtnauberg, allerdings erst seit 2006, alle zwei Jahre das *Schwarzwälder-Kirschtorten-Festival* statt, bei dem in zwei Wettkampfklassen Amateure und Profis mit ihren Torten gegeneinander antreten. Die dortige Touristeninformation erteilt Auskunft, wann und wo es wieder so weit ist. Die größte Schwarzwälder Kirschtorte der Welt wurde im Europa-Park im ebenfalls badischen Rust hergestellt, und zwar im Juni 2006. Sie wog drei Tonnen. Für die zehn Meter breite Süßspeise wurden 700 Liter Sahne, 120 Liter hochprozentiges Kirschwasser, mehr als 5.600 Eier und 40 Kilo Schokoraspeln verarbeitet. Wohl bekomm's!

DR. ROLF HEINS SCHAUM-TRÄUME
Seifenblasen – Pustefix Tübingen

Die kleine blaue Flasche, auf der ein gelber Bär abgebildet ist und über deren schillernd-schlotzig-schaumig-seifig-seligmachenden Inhalt ein roter Drehverschluss wacht, kennt nicht nur jedes Kind. Und welch ein Glück ist es, wenn man in einer Fußgängerzone selbigen Bären als »echtes«, also plüschiges Exemplar vorfindet, das den Seifenschaum in einen Seifentraum verwandelt, indem es flüssige Seife durch einen Blasring in die Lüfte entlässt! Seifenblasen, in allen möglichen Größen und in allen Farben des Regenbogens schillernd. Schön. Sie schweben, gaukeln, tanzen – PENG: Ein Kind hat die Hand ausgestreckt und ein solches Wunderding einfangen wollen. Es ist geplatzt. Aus der Seifenblasentraum.

Aber nein, Träume sind nicht immer Schäume. Sie können jedoch aus solchen bestehen. Diese Erfahrung machte 1948 der Chemiker Dr. Rolf Hein. Er hatte in Tübingen eine neue Formel für ein Waschmittel entwickelt, das allerdings zu sehr schäumte. Statt damit im Waschmittelgeschäft ein Schaumschläger zu werden, beschloss er, seinen Traum vom Schaum einfach zu ändern – hatte er doch, wie er erkannte, die ideale und industrielle herstellbare Mischung für Seifenblasen entdeckt! Kurzerhand füllte Hein die flüssige Seife in Flaschen, fügte eine Sprungfeder als Blasring hinzu und verkaufte das Produkt unter dem Markennamen Pustefix als Kinderspielzeug. Zunächst war er damit auf Wochenmärkten unterwegs und wurde als Spinner abgetan. Aber innerhalb weniger Jahre entwickelte sich Pustefix zu einem Export-Schlager.

Und das ist es bis heute, auch wenn die Firma etliche Krisen meistern musste. Heute beschäftigt der Pustefix-Hersteller, am Tübinger Standort 25 Mitarbeiter. Pro Jahr wird eine Million Liter Flüssigkeit abgefüllt. Mittlerweile wird ein komplettes Sortiment neuartiger Seifenblasen-Spiele angeboten, darunter ein Bubble-Schwert und eine Bubble-Gun. Die kleine blaue Flasche und den gelben Teddy schlägt allerdings nichts – die Seifenblasen-Spiele sind nur kleine Schaumkrönchen auf einem wogenden schillernden Seifenschaummeer.

GEDENKSTÄTTE FÜR OTTMAR MERGENTHALER IM RATHAUS VON HACHTEL /// OTTMAR-MERGENTHALER-STRASSE /// 97980 BAD MERGENTHEIM /// 0 79 31 / 4 25 75 ///

OTTMAR MERGENTHALERS AMERICAN DREAM
Setzmaschine – Mergenthaler-Gedenkstätte Bad Mergentheim (39)

Eine der typischen Geschichten des American Dream ist die des bettelarmen württembergischen Lehrersohns Ottmar Mergenthaler aus dem kleinen Bad Mergentheimer Stadtteil Hachtel (heute etwa 300 Einwohner), der es in der Neuen Welt zu Ruhm und Wohlstand brachte. Im Jahr 1886 hatte er die Linotype, die erste brauchbare Maschine zum Setzen und Gießen von Schriftzeilen, erfunden. Dem Erfinder ist im Rathaus von Hachtel eine Gedenkstätte eingerichtet worden, die alles Wissenswerte über die revolutionäre Setztechnik vermittelt. Hier kann man sich auch an ein echtes Exemplar von Mergenthalers Maschine setzen.

Mergenthaler wurde am 11. Mai 1854 als drittes von vier Kindern des Dorflehrers Johann Georg Mergenthaler geboren. Er wuchs in Neuhengstett und dann in Ensingen auf. Seine Mutter starb, als er fünf Jahre alt war. Weil angesichts der Armut der Familie selbst die Realschule für den begabten Jungen unbezahlbar war (geschweige denn ein Studium), begann er nach der Volksschule eine Uhrmacherlehre in Bietigheim; die Grundlage für seine technischen Kenntnisse lieferte der eifrige Besuch der Abend- und Sonntagsschule.

Aber das arme Württemberg konnte einem wie ihm nichts bieten: Wie so viele seiner Generation verließ er angesichts der beginnenden Gründerkrise – eine Folge der Überhitzung der Märkte nach dem Bismarck'schen Angriffskrieg gegen Frankreich im Oktober 1872 – als Zwischendeckpassagier auf einem Dampfer seine Heimat und reiste ins gelobte Amerika: eine Geschichte wie in Kafkas gleichnamigem Romanfragment, wenn auch mit ganz anderem Ausgang. Mergenthaler hatte im Unterschied zu vielen anderen das Glück, dass er bei seinem Vetter in Baltimore unterkommen konnte, der dort eine Werkstatt für elektrische Geräte und Messwerkzeuge betrieb; der Vetter war es auch, der ihm das Geld für die Reise vorgestreckt hatte. In ihm fand Mergenthaler nun einen Gleichgesinnten: Der Vetter stellte immer wieder für kleinere Erfindungen Patentanträge in Washington, und so war nicht nur Mergenthalers technischer Verstand gefordert, sondern er lernte auch, wie man Erfindungen verwertete.

131

Porträt von Ottmar Mergenthaler

1878 wurde er Teilhaber des kleinen Unternehmens. Am 9. Oktober desselben Jahres erhielt er die amerikanische Staatsbürgerschaft, drei Jahre später heiratete er eine deutschstämmige Emigrantin und machte sich etwas später mit einer eigenen kleinen Werkstatt selbstständig.

Hier arbeitete er nun, wann immer er Zeit hatte, wie besessen an der Idee einer Setzmaschine. Für eine solche gab es großen Bedarf: Das beginnende Zeitalter des Massenmediums Zeitung hatte in diesen Tagen das Problem deutlich gemacht, dass man im Druck noch immer arbeitete wie zu Gutenbergs Zeiten, mit handgesetztem Bleisatz: Sechs Setzer waren notwendig, um einen Drucker mit Arbeit zu versorgen! Deshalb beschäftigten sich viele Erfinder damit, den Setzvorgang zu automatisieren und zu beschleunigen, scheiterten aber meist an mechanischen Problemen. Ausgerechnet dem unbekannten schwäbischen Einwanderer gelang der Durchbruch; seine Maschine konnte alles: setzen, prägen, gießen, in einem Arbeitsgang – ohne dass der Setzer die Maschine auch nur ein einziges Mal verlassen musste.

Mergenthalers Maschine setzte nicht mit Lettern, sondern mit Matrizen, die das Bild des Buchstabens seitenrichtig vertieft trugen und aneinandergereiht eine in Blei gegossene Zeile lieferten. Nach dem Guss sortierte die Maschine automatisch die Matrizen wieder in ihr Magazin zurück. Die Bleizeilen der Linotype konnten nun von Hand zu Seiten zusammengestellt werden. Nach dem Druck schmolz die Maschine das Blei automatisch wieder ein, und ein neuer Kreislauf konnte beginnen. Auf diese Weise konnten etwa 6.000 Buchstaben in der Stunde gesetzt werden. Im Jahr 1884 war Mergenthaler am Ziel – das Patent für seine neue Setzmaschine wurde im August amtlich bestätigt. Kurz darauf gründete er mit einigen Investoren die

Firma *National Typographic Co of West-Virginia*; Mergenthaler wurde Werksleiter. Das Firmenkapital von 300.000 Dollar war damals die höchste Summe, die je in eine Amerikanische Erfindung investiert wurde, die noch keinerlei Profit erbracht hatte. Nur zwei Jahre später wurde Mergenthalers Wundermaschine, jetzt mit den charakteristischen frei umlaufenden Messingmatrizen, erstmals zum Satz der renommierten *New-York Tribune* herangezogen. Der Legende nach rief der anwesende Verleger begeistert: »Ottmar, you've cast a line of types«, woraus man dann den Namen Linotype ableitete. Bereits ein Jahr später besaß die *Tribune* 30 der neuen Maschinen, die *Washington Post* 15 und kleinere Zeitungen der Ostküste weitere 38 Exemplare. Dabei war die Linotype technisch alles andere als ausgereift. Mergenthaler legte nach Querelen sein Amt als Werksleiter nieder, verließ die *National Typographic* und widmete sich ganz der Verbesserung seiner Maschine. Mit der Hilfe einiger neuer Geldgeber kam es 1891 zur Gründung der *Mergenthaler Linotype Company* mit Hauptsitz in Brooklyn, New York. Die Königin der Setzmaschinen begann nun endgültig den Siegeszug durch die Druckereien der Welt, bis sie Mitte der 1970er vom Fotosatz und später vom Digitaldruck abgelöst wurde.

Mergenthaler selbst konnte seinen großen Erfolg nicht allzu lange genießen. 1898 verfasste er seine Autobiografie, aber bereits ein Jahr später, am 28. Oktober 1899, starb er, erst 45-jährig, an der Arme-Leute-Krankheit Tuberkulose in seinem Haus in Baltimore. Er hinterließ Frau und fünf Kinder – und ein Vermögen von einer halben Million Dollar (nach heutigem Maßstab etwa 13 Millionen Euro).

SESSELSKILIFT

MEHR ZUR ERFINDUNG DES SKILIFTS ERFÄHRT MAN BEI EINEM BESUCH
IM SCHNECKENHOF /// OBERSCHOLLACH 4 ///
79871 EISENBACH-SCHOLLACH /// 0 76 57 / 18 21 ///

WEIL NIKOLAUS ADOLF WINTERHALDER GERNE UND VIEL ERZÄHLT –
ÜBER DIE GESCHICHTE DER PENSION, DEN SKILIFT UND VIELES MEHR,
SOLLTE MAN EIN WENIG ZEIT MITBRINGEN.

ROBERT WINTERHALDER MACHT'S OHNE DOKTOR
Skilift – Schneckenhof Eisenbach-Schollach

Oft ist es nur eine Frage der Perspektive, ob etwas ein großer Spaß oder eine große Qual ist. Und auch wenn Skifahren, wie Wolfgang Ambros einst sang, »des Leiwandste« (das Tollste) ist, das man sich nur vorstellen kann – zu diesem Spaß gehört heute zwingend eine nicht nur in Ambros' Lied vergessene Kleinigkeit: der Skilift. Denn ohne einen solchen ähnelt das Treiben des Skifahrers oder Snowboarders dem des Sisyphos: langer, mühevoller Aufstieg, dann eine kurze Abfahrt, worauf wieder ein langer, mühevoller Aufstieg folgt.

Die Erfindung, die den weißen Sport erst zum königlichen Vergnügen macht, stammt aus Schollach im Hochschwarzwald. Ein einfacher Gastwirt namens Robert Winterhalder nahm dort am 14. Februar 1908 den ersten Skilift der Welt in Betrieb. Der war 280 Meter lang und überwand stolze 32 Höhenmeter. Betrieben wurde er mit Wasserkraft, die über ein Mühlrad erzeugt wurde, und war damit bereits vor über 100 Jahren komplett CO_2-neutral. Der Antrieb war aufwendiger als die Installation der Drahtseilkonstruktion mit fünf Holzmasten: Durch unterirdische Eisenrohre, die im Winter nicht zufrieren durften, leitete Winterhalder Wasser von einem Staubecken in seine Mühle. Die ersten Fahrgäste mussten sich mittels speziell geformter Zangen am Zugseil festhalten. Winterhalder war ein patenter Mann. Bereits um 1900 hatte er ein Drahtseil von der Mühle zu seinem Hof gespannt, mit dem er Korn, Mehlsäcke und Gerät hinauftransportieren konnte. Denn dort oben befand sich auch sein Hotel, der bis heute existierende *Schneckenhof*. Auch in dieser Hinsicht ein Pionier, baute Winterhalder dort eine Zentralheizung ein, was damals im Hochschwarzwald auch in Gasthöfen ganz unüblich war. So konnten sich seine Gäste an fließendem Warmwasser erfreuen; zudem gab es bereits eine Toilettenspülung. Heutige Besucher können hier eine vergnügliche Zeitreise machen: Urige Zimmer mit alten Möbeln, Toilette und Dusche auf dem Gang, Ölbilder aus vergangenen Zeiten, eine wunderschöne verglaste Veranda und ein lauschiger Garten laden ein – und der Wirt ist der Enkel des Gründers.

Um 1880 hatte in ganz Europa, von Norwegen ausgehend, der erste Skiboom begonnen, und dank der 1873 eröffneten Schwarz-

Porträt von Robert Winterhalder

waldbahn kamen bald Besucher aus ganz Deutschland nach Schollach, das als Höhenkurort galt. Winterhalders Lift war ein Renner bei den Touristen, sodass er für die Triberger Internationale Wintersportausstellung 1910 einen zweiten Lift entwickelte, der Prototyp für eine ganze Serie sein sollte: Angetrieben wurde er von einem 15-PS-Elektromotor, und 32 Personen ließen sich damit zeitgleich transportieren. Der badische Großherzog zeichnete Winterhalder für seine Erfindung mit der goldenen Ausstellungsmedaille aus.

Der Erfinder, der ganz zu Recht seinen Schlepplift als eine »epochemachende Neuerung auf dem Gebiete des Skisports« begriff, plante nun weitere Skilifte, insbesondere am Feldberg. Er ließ sich sogar Auslandspatente geben und suchte unter den Hoteliers der Gegend nach Investoren. Nur 20.000 Mark für den Lift sowie die Kosten für je 100 Schlitten und Skier müssten einmalig für den rentablen Betrieb eines Lifts aufgebracht werden, berechnete er. Doch niemand wollte ihn unterstützen. Das Problem war offenbar, dass Winterhalder kein Studierter war. »Die ganze Sache ist gut, aber es fehlt der Hintergrund. Sie sollten Doktor, Ingenieur oder wenigstens Techniker sein«, zitiert die Zeitung *Badner Land* im Jahr 1914 einen Hofrat aus Karlsruhe. Das ironische Fazit des Artikelschreibers lautete: »Ja, lieber Schneckenwirt, wir leben in einer Doktor-Zeit, von einem, der nicht einmal […] ›Doktor‹ ist, kann doch nichts Gutes kommen. Die von Gott gegebene Intelligenz oder die Praxis machen's nicht, der Titel macht die Blinden sehend.«

So geriet Winterhalder bald in Vergessenheit, und der Weg war frei für die findigen Schweizer: Der erste moderne Schlepplift mit dem charakteristischen selbsteinziehenden Bügel wurde am 23. Dezember

1934 in Davos in Betrieb genommen. Entwickelt wurde das System von Ernst Constam, der im Gegensatz zu Winterhalder, wie es sich für einen Erfinder gehört, Ingenieur war. Ein Davoser Skilehrer verbesserte Constams System, indem er die ursprünglich J-förmigen Einzelbügel durch T-Bügel für zwei Personen ersetzte – der Skilift in seiner heutigen Form war geboren. Heutige Lifte können dem Geländeprofil bis zu einer Steigung von 40 Grad folgen und sogar flache Kurven zeichnen. Allerdings, wie schon zu Winterhalders Zeiten, müssen Zwischensenken im Gelände vermieden werden, da die Skifahrer dort womöglich den Zugbügel »überholen« und stürzen würden.

Der wesentliche Vorteil des Schlepplifts, wie er auf Winterhalder zurückgeht, im Vergleich zu Sesselliften und Seilbahnen ist neben der Zeitersparnis für die Benutzer und der hohen Beförderungskapazität pro Zeiteinheit der vergleichsweise kostengünstige Bau, was das Benutzungsentgelt erheblich vergünstigt. In den Anfangszeiten waren Schlepplifte übrigens auch schneller als Sessellifte. Allerdings, wie eingangs erwähnt, kommt es bei jeder guten Sache auf die Perspektive an: Schon in den Tagen Winterhalders fürchteten Kritiker, der Liftbetrieb werde die Landschaft am Feldberg verschandeln, denn auch im Sommer sind Lifte optisch sehr präsent (man mag sich an die zeitgenössische Diskussion um Windräder erinnert fühlen). Doch der wahre Grund für die Vorbehalte so vieler Zeitgenossen gegenüber Winterhalders Neuerung, die den Armen den verdienten Ruhm kosteten, war wohl die moralische Sorge der Einheimischen. Man fürchtete, die ob der Lifte in Scharen heranströmenden Städter würden einen schlechten Einfluss auf die Mädchen aus den Dörfern haben.

HIER WERDEN SKIER MIT HOLMENKOL-WACHS PRÄPARIERT.

MEHR ÜBER DEN DEUTSCHEN SKISPORT ERFÄHRT MAN IM SCHWARZWÄLDER SKIMUSEUM /// ERLENBRUCKER STRASSE 35 /// 79856 HINTERZARTEN /// 0 76 52 / 98 21 92 /// WWW.SCHWARZWAELDER-SKIMUSEUM.DE ///

MAX FISCHER WILL WEITER SPRINGEN
Skiwachs – Schwarzwälder Skimuseum Hinterzarten

Dies ist wohl eine der verblüffendsten Geschichten in diesem Buch. Raten Sie mal, wer das Skiwachs erfunden hat? Wenn nicht ein alter Schwede, dann wird es doch wohl ein junger Norweger gewesen sein. Auf jeden Fall aber ein Angehöriger jener skandinavischer Völkchen, die mit den Skiern an den Füßen auf die Welt kommen. Weit gefehlt. Es war ein Mann aus Ditzingen bei Stuttgart. Aus dem Flachland.

Max Fischer hat 1922 das Skiwachs erfunden. Fischer war Doktor der Chemie und Chef der *Vereinigten Wachswarenfabrik* in Ditzingen. Die Firma stellte Bohnerwachse, Haushaltskerzen und Fußbodenreiniger her. Fischer war zudem ein begeisterter Skispringer. Und ein ehrgeiziger. Er wollte weiter springen. Und haderte mit seinen Skiern. Als Chemiker war ihm klar: Schnee ist nicht gleich Schnee. Dessen Eigenschaften wirkten sich auf die Geschwindigkeit von Skiern aus. Also untersuchte er die Beschaffenheit des Schnees. Die Schotten kennen laut einer Untersuchung der Uni Glasgow 421 Worte für Schnee. So viele verschiedene Arten hat Fischer wohl nicht identifiziert, aber er fand heraus, wie er seine Skier schneller machen konnte, egal ob sie auf Firn, Pulverschnee, Nassschnee, Bruchharsch, Neuschnee, Schneematsch oder Sulz gleiten sollten. Er mischte im Labor Wachse, behandelte seine Skier. Nach vielen Versuchen war er am Ziel: Das Wasser drang nicht mehr in die Holzskier; sie glitten auf einem Wasserfilm. Der Anlauf war schneller, der Sprung weiter. Je nach Schneeart bekamen seine Wachse die heute noch gültigen Farben Rot, Blau und Gelb. Er nannte sie *Holmenkol*, nach dem Wallfahrtsort der nordischen Skifahrer, dem Holmenkollen in Norwegen. Unzählige Olympiasieger und Weltmeister wachsten mit Fischers Erfindung ihre Skier.

Fischer war ein Tausendsassa. Er war nicht nur Chemiker und Sportler, sondern auch ein Kunstsammler. Seine 250 Werke von Expressionisten, etwa von Ernst Ludwig Kirchner, Edvard Munch, Max Beckmann, Franz Marc und Oskar Schlemmer, überließ er der Staatsgalerie Stuttgart als Dauerleihgabe. Für Skifreunde ist zudem das Schwarzwälder Skimuseum in Hinterzarten einen Besuch wert.

URGESCHICHTLICHES MUSEUM /// KIRCHPLATZ 10 ///
89143 BLAUBEUREN /// 0 73 44 / 96 69 90 /// WWW.URMU.DE ///

WIE DIE SCHWABEN DIE KUNST ERFANDEN
Skulptur – Venus im Urgeschichtlichen Museum Blaubeuren 42

Die Gelehrten wissen zwar nicht, was Kunst eigentlich ist. Nach den künstlerischen Revolutionen der Moderne, in Zeiten, da längst alles Kunst sein kann und Malerei und Skulptur im zeitgenössischen Kunstbetrieb eher zu Randerscheinungen geworden sind, kann man leicht Hunderte von Definitionen finden, was man unter Kunst zu verstehen hat. Aber noch immer gilt, was einst Platon sagte: »Wenn es etwas gibt, wofür zu leben lohnt, dann ist es die Betrachtung des Schönen.«

Wenn man schon nicht weiß, was Kunst ist, weiß man immerhin, wer sie erfunden hat: die Schwaben (beziehungsweise ihre Urahnen). Das wenigstens muss denken, wer sich vergegenwärtigt, dass die weltweit ältesten figürlichen Darstellungen – pikanterweise darunter auch ein Frauenakt – von der Schwäbischen Alb stammen. So war eine geschnitzte Frauenfigur aus Mammut-Elfenbein, sechs Zentimeter groß und trotz beträchtlicher Korpulenz nur 33 Gramm schwer, eine der größten Sensationen der jüngsten Archäologiegeschichte: die Venus von der Alb. Der Tübinger Urgeschichtler Nicholas Conard entdeckte sie im September 2008 in der Karsthöhle *Hohle Fels* bei Schelklingen. Er taufte sie nach ihrem Fundort *Venus vom Hohlefels*. Bald war sie weltberühmt. Denn die adelige Dame gilt mit einem geschätzten Alter von 35.000 bis 40.000 Jahren als älteste Menschendarstellung und zugleich als ältestes Beispiel figürlicher Kunst. Zum Vergleich: Die ältesten Malereien der Welt in der spanischen Höhle von El Castillo und auf der indonesischen Insel Sulawesi entstanden vor rund 40.800 Jahren und sind damit nur wenig älter, aber bei Weitem nicht so kunstvoll. Eher erinnern sie an moderne Kunst: Abgebildet sind jeweils nur die Handabdrücke der alten Meister, die damit ihre Urheberschaft der bewundernden Nachwelt überlieferten. Die *Venus vom Galgenberg* aus Österreich, die fast gleich alt ist, sieht neben der schwäbischen Venus aus wie ein grob in Stein gehauenes Strichmännchen. Und die ob ihrer Kunstfertigkeit berühmtesten Höhlenmalereien der Welt, die der französischen Grotte Lascaux (15.500–1.700 v. Chr.) – bis heute für die

Dieser Wasservogel ist eines der ältesten figürlichen Kunstwerke der Menschheit.

Meisten der Inbegriff prähistorischer Felsmalerei –, sind eine viel, viel spätere Erscheinung. Zwar weist die Höhlenkunst von Chauvet-Pont d'Arc im Ardeche-Tal, die erst 1994 entdeckt wurde, ebenfalls vollendete Formen auf und besticht durch Gestaltungsmittel wie Perspektive, verdoppelte Umrisse und Verwischungen, sodass sie Werner Herzog jüngst in einem prächtigen 3 D Film gewürdigt hat, aber auch sie ist deutlich jünger als die Venus von der Alb (ihr Alter wird auf 25.000 bis 30.000 Jahre geschätzt).

Die *Venus vom Hohlefels* ist eine stattliche Erscheinung: Die kleine kopflose Elfenbeinfigur ist nahezu vollständig erhalten, nur der linke Arm fehlt. Anstelle des Kopfes wurde eine quer durchlochte Öse herausgearbeitet – die Figur war also ein Anhänger oder Amulett. Die Beine sind kurz, spitz und asymmetrisch. Auffällig sind auch die gleichfalls kurzen Arme und die sorgfältig geschnitzten Hände, die unterhalb der Brüste auf dem Bauch liegen. Eine typische Steinfigur einer Fruchtbarkeitsgöttin, wie wir sie aus allen alten Kulturen kennen, nur eben viel, viel älter. Kunst ist ja von ihrem Ursprung her eine kultische Erscheinung, die sich in engem Zusammenhang mit Riten und religiösen Bräuchen entwickelt hat – und ist es schon in der Steinzeit gewesen.

Skulptur – Venus im Urgeschichtlichen Museum Blaubeuren

Doch bei der Erstausstellung des Funds 2009, übrigens zu Recht im Kunstgebäude Stuttgart, wurde seitens der Marketing-Maschinerie anderes hervorgehoben: Die Rede war von den überdimensionierten Brüsten und dem akzentuierten Gesäß sowie vom deutlich hervorgehobenen Genitalbereich der alten Dame. Tatsächlich ist die Furche zwischen den Gesäßhälften tief ausgeführt und zieht sich bis nach vorne durch, wo zwischen den weit geöffneten Beinen auch die Schamlippen betont ausgearbeitet sind. Der Ausstellung wurde ein Filmtrailer mit dem Titel *Prehistoric pin-up* beigefügt. Und in einer *Nature*-Ausgabe kommentierte der englische Prähistoriker Paul Mellars, die figürlichen Merkmale würden an Pornografie grenzen.

Wir wissen nicht viel über die Frühsexualisierung in der Steinzeit. Auch die damaligen religiösen Vorstellungen sind uns unbekannt. Von daher diskutieren die Gelehrten nun, ob die Venus von der Alb als Anschauungsmaterial für steinzeitlichen Sexualkundeunterricht unter Frauen diente oder eine prähistorische Fruchtbarkeitsgöttin am Hals eines Herren war.

Wie dem auch sei: In Blaubeuren kann sich jeder selbst ein Bild von der verruchten Dame machen. Zeitweilig in der neu gestalteten Dauerausstellung im Landesmuseum Württemberg untergebracht, kehrte sie 2014 aus der Stuttgarter Diaspora in ihre Heimat am malerischen Blautopf zurück und wurde Bestandteil der Dauerausstellung im Urgeschichtlichen Museum. Hier hat sie es besser: Denn einmal ehrlich, wer möchte in dem Alter noch derart ausgeschlachtet werden?

ORIGINAL SPAGHETTIEIS IN MANNHEIM

DIE EIS-FONTANELLA-CAFÉS LIEGEN IN DEN QUADRANTEN O4,5 UND O2,1 UND DIE GLÄSERNE EISMANUFAKTUR APERTO IN L11,11. /// FÜHRUNGEN DURCH DIE EISMANUFAKTUR SIND NACH ABSPRACHE MÖGLICH /// 06 21 / 2 34 43 (CAFÉ O4,5) /// WWW.FONTANELLA.DE ///

DARIO FONTANELLAS LECKERE VERSCHMELZUNG
Spaghettieis – Fontanella-Cafés Mannheim

Wer hat's erfunden? Ein Deutsch-Italiener aus dem badischen Mannheim. Aber nicht ohne Schützenhilfe aus der Südschweiz und aus Schwaben! Denn wenn es zwei traditionelle Gerichte aus diesen beiden Gegenden nicht gäbe, dann wäre diese kühle Köstlichkeit vermutlich auch nie entstanden: das Spaghettieis. Ja, wenn Dario Fontanella, der Spross einer aus Venedig nach Mannheim eingewanderten Eiskonditoren-Familie, im Jahr 1969 nicht eine Süßspeise gegessen hätte, die den *Vermicelles* (Würmchen) nachempfunden war – einer südschweizer Süßspeise aus pürierten Maronen –, dann wäre er nicht der plötzlichen Versuchung erlegen, das Gleiche mit Vanilleeis zu versuchen. Und wenn es die schwäbischen Spätzle nicht gäbe, dann hätte Dario Fontanella nicht mit zahllosen Spätzlepressen experimentieren können, um schließlich eine echte Nudel-Optik zu erzielen. Denn statt an Würmchen gemahnt die längliche Form des gepressten Eises einen Italiener selbstredend an Pasta.

Bei einem Skirennen im Februar 1969 in Italien aß der 17-jährige Dario das Dessert *Mont Blanc* in der Pasticceria *Embassy* in Cortina d'Ampezzo. Sein Interesse war geweckt, und er fragte die Besitzerin, wie sie dieses gefertigt hatte. Sie drückte dafür Esskastanienpüree durch eine Art Spätzlepresse, also die italienische Variante davon. Dario war begeistert: In den Osterferien probierte er das in der väterlichen Eisdiele mit Eiscreme. Seine Kreation sollte zunächst aus Eis in den Farben der italienischen Flagge bestehen, grün, weiß und rot. Die ersten Versuche unternahm er mit Pistazien-, Zitronen- und Erdbeereis. Zunächst kam allerdings nur geschmolzene Eissoße dabei heraus. Das Eis wurde zu flüssig, es hielt die Form nicht. Aber Dario war hartnäckig. Er gab nicht auf, sondern probierte weiter und weiter. Schließlich war er erfolgreich, das Eis sah tatsächlich aus wie Spaghetti. Der Trick: Es bedarf eines Vanilleeises mit etwas Sahne, das durch eine eisgekühlte Spätzlepresse gedrückt wird. Es wurde weiter experimentiert mit der Soße: über kleingehackte Himbeeren bis schließlich hin zu Erdbeeren. Der »Parmigiano« entstand aus einem geriebenen weißen Schokoladen-Osterei.

Dario Fontanella mit seiner Kreation

Die Reaktionen waren zunächst nicht gerade begeistert: Die Kinder weinten, wenn ihnen ein Spaghettieis serviert wurde, weil sie keine Nudeln mit Tomatensoße, sondern eben Eiscreme wollten. Doch bald schon war das Eis im Pasta-Gewand besonders bei Kindern beliebt. Es war das erste Mal, dass ein Eis nicht als Kugel oder gespachtelt serviert wurde, sondern in einer ganz neuen Form.

Das Erfolgsgeheimnis: Nun, Dario Fontanella entstammt einer Eiskonditoren-Familie. 1906 wurde die *Gelateria Fontanella* in Conegliano bei Venedig von Michelangelo Fontanella, dem Großvater von Dario, gegründet. In dieser Gelateria in der *Via Venti Settembre*, gegenüber dem Dom von Conegliano, absolvierte Michelangelos Sohn Mario Fontanella seine Lehre unter der strengen Kontrolle seines Vaters. Mit dem umfangreichen Wissen aus den harten Lehrjahren ging er 1931 voller Tatendrang und Pioniergeist mit seinem älteren Bruder Giovanni nach Deutschland. Dort eröffnete er in der Nähe von Hannover eine Eisdiele. 1933 zog es Mario Fontanella nach Mannheim, das ihn mit seinem milden Klima, den Weinbergen in der Umgebung, seiner Geschichte und seiner Eleganz an Italien erinnerte. Er eröffnete das erste Geschäft in der Kurpfalz und lernte seine Frau Renate Lehmann kennen. Dario und seine drei Geschwister Denise, Enzo und Claudio wuchsen in Mannheim auf und bekamen von ihren Eltern einerseits deutsche Gründlichkeit, aber andererseits auch italienische Fantasie mit auf den Weg. Eine Kombination an Eigenschaften, die Dario Fontanella sicherlich zur Erfindung des Spaghettieises verhalfen. Nach Beendigung seiner Schulausbildung in Italien trat Dario 1970 in den elterlichen Betrieb ein und übernahm schließlich 1985 das Geschäft. Angesteckt von der Leidenschaft seines Vaters, setzte er die alte Tradition des »gelato artigianale« (handwerklich hergestellten Speiseeises) fort. Doch er blieb immer auch experimentierfreudig: Neben den Eis-Klassikern – zu denen längst natürlich auch das Spaghettieis zählt – gibt es in den *Fontanella*-Cafés in Mannheim heute saisonal auch Eis in den Geschmacksrichtungen Himbeer-Rote-Paprika, Gurke-Zitrone-Dill, Tomate-Basilikum, Avocado-Banane, Spargel, Birne-Parmesan, Camembert-Senffrüchte und Mascarpone-Gorgonzola.

Das glückliche Ende: Die 900 Mark, die es gekostet hätte, das Spaghettieis patentrechtlich schützen zu lassen, investierte Dario Fontanella damals nicht, obwohl er es zunächst eigentlich wollte. Denn sowohl der Vater als auch der Anwalt des Vaters nahmen ihn und seine Kreation nicht ernst und rieten ihm davon ab. Heute reut Dario Fontanella das manchmal. Aber dann wieder ist er einfach glücklich, dass dennoch unumstößlich bleibt, dass es das echte Spaghettieis nur bei Fontanellas in Mannheim gibt. Als eine kulinarische Verschmelzung von Regionen und Zutaten – letztlich allerdings schmilzt das Spaghettieis freilich auf der Zunge.

KULL-SPÄTZLEPRESSE, HEUTE ONLINE ERHÄLTLICH UNTER
WWW.KULL-SPAETZLESPRESSE.DE

DER ENTSTEHUNGSORT DER SPÄTZLEPRESSE (LEIDER NICHT VON
INNEN ZU BESICHTIGEN) LIEGT AN DER NECKARTALSTRASSE 117 ///
70376 STUTTGART ///

EINBLICK IN HISTORISCHE KÜCHEN BIETET DAS MUSEUM
DER ALLTAGSKULTUR /// SCHLOSS WALDENBUCH /// KIRCHGASSE 3 ///
71111 WALDENBUCH /// 0 71 57 / 82 04 ///
WWW.MUSEUM-DER-ALLTAGSKULTUR.DE ///

ROBERT KULLS SPÄTZLE-SCHWOB
Spätzlepresse – Neckartalstraße 117 Stuttgart

44

Nichts steht mehr für die Schwaben als die Spätzle, ihr Nationalgericht. Niemanden wird also verwundern, dass die Spätzlepresse eine Stuttgarter Erfindung ist. Tatort Bad Cannstatt: Dem Maschinenschlosser Robert Kull aus Stuttgart-Münster, Jahrgang 1887, war es bestimmt nicht in die Wiege gelegt, ein Unternehmer zu werden. Zu seiner Erfindung kam er durch Zufall, oder aus Liebe: Weil er für sein Leben gern das schwäbische Nationalgericht Gaisburger Marsch aß, seiner Frau Pauline aber das mühselige Teigschaben ersparen wollte, erfand er 1936 eine Maschine, genauer laut Patentantrag eine »Teigpresse aus einem mit Teigaustrittslöchern versehenen Topf und einem Handstempel«. Letzterer diente dazu, den Teig durch die Löcher zu pressen.

Am 1. Januar 1936 begann er in der Cannstatter Neckartalstraße 117 mit der Produktion des Apparats. Drei Jahre später erhielt er dafür das Patent Nummer 7222891. Das sich rasch verbreitende Gerät, im Volksmund »dr Spätzle-Schwob« genannt, eignete sich auch vorzüglich zum Pürieren, etwa bei der Herstellung von Kartoffelbrei. Heute gibt es neben dem Klassiker mit 60 bis 70 runden Löchern auch Geräte mit unregelmäßig geformten Durchlässen, dank denen die Spätzle aussehen wie handgeschabt. Spätzlepressen bestehen traditionell aus Aluminiumdruckguss, inzwischen gibt es auch kunststoffbeschichtete in verschiedenen Farben.

Für Kull war die Erfindung (neben Pauline und seinen beiden Kindern) das Glück seines Lebens. Nach dem Krieg baute er seine 1944 ausgebombte Fabrik rasch wieder auf; 1953 verlegte er den Betrieb nach Geradstetten. Bis ins Alter von 80 Jahren leitete er sein Unternehmen, ehe er es an seinen Enkel übergab. Robert Kull starb 1974 im Alter von 89 Jahren. Die Robert Kull AG zog später nach Remshalden um, wo sie 2011 in die Insolvenz gehen musste. Heute lebt das Unternehmen in Schorndorf weiter.

JAKOB-FRIEDRICH-KAMMERER-DENKMAL /// ECKE HILDRIZHAUSER STRASSE/MARKTPLATZ (AM BRUNNEN »ENTENBRÜTER«) /// 71139 EHNINGEN ///

JAKOB FRIEDRICH KAMMERERS ZÜNDENDE IDEE
Streichholz – Kammerer-Denkmal Ehningen

45

Raten Sie einmal, was ich bin! Ich bin zugegebenermaßen nicht die bedeutendste Erfindung der Menschheitsgeschichte. Überhaupt bin ich ziemlich klein und unscheinbar. Man denkt, es habe mich schon immer gegeben. Dabei wurde ich erst 1832 in Ludwigsburg als Konsumprodukt des täglichen Bedarfs erfunden und bereits ein Jahr später industriell gefertigt. Wenn es auch wahr ist, dass vier Jahre zuvor der Engländer Samuel Jones unter dem diabolischen Namen *Lucifer* etwas hatte patentieren lassen, das mir sehr ähnlich war, aber nicht funktionierte. Übrigens hatte der Kerl die Idee dem honorigen Apotheker John Walker aus Stockton-on-Tees gestohlen, der bereits 1827 eine Art Vorläufer meiner Wenigkeit (aus Antimonsulfit und Kaliumchlorat, man stelle sich das einmal vor ...) hergestellt hatte. Ohnehin haben bereits die alten Chinesen meinen Trick genutzt. Ich werde jedenfalls bis heute in unveränderter Ludwigsburger Form produziert, wie ich nicht ohne Stolz betonen darf.

Gut, ich habe die Welt nicht aus den Angeln gehoben. Aber, Hand aufs Herz: Was wäre mancher Hollywood-Klassiker ohne den Moment, in dem aus dem Halbdunkel heraus mein Auflodern die markanten Gesichtszüge des Helden erhellt und seinen entschlossenen Blick, der sich auf die Zuschauer richtet? Ich bin nämlich ganz schön cool, wenngleich ... Und wie sollten Generationen von Kindern ihre Kastanienmännchen gebastelt haben, wenn nicht mit meiner Hilfe? Selbst als Zahnstocher tauge ich, denn ich bin viel gebräuchlicher als diese Dinger. Und was sollten all die Nichtraucherhaushalte bei Stromausfall tun, ohne mich? In England habe ich bereits sprichwörtliche Bedeutung, und das schmeichelt mir schon ein wenig, obwohl ich nicht eitel bin. Man sagt: »Don't play with ...« Na, jetzt wissen Sie's, oder? Da Sie mich nun kennen, möchte ich kurz meinen Erfinder vorstellen, denn er hatte ein bewegtes Leben und ist längst nicht so bekannt wie ich. Die Rede ist vom gebürtigen Ehninger Jakob Friedrich Kammerer. 1832, im Alter von 36 Jahren, erfand der Ingenieur in Ludwigsburg das Phosphorreibestreichholz, also mich. Was mich auszeichnet, ist, dass ich ein sogenanntes »Si-

Phosphorreibestreichholz

cherheitsstreichholz« bin: Ich stecke nur in Brand, was ich soll, was man von meinem britischen Vorläufer nicht behaupten kann.

Mein Erfinder war ein revolutionärer Geist, und in Zeiten der Fürstenherrschaft nach der gescheiterten Revolution von 1830 war eine demokratische Einstellung keine ungefährliche Sache. Seine Beziehung zu einem revolutionären Zirkel, der *Montagsgesellschaft*, brachte ihm im Jahr 1833 eine Haftstrafe ein. Am 1. Juli 1833 wurde er verhaftet und auf den berüchtigten Hohenasperg gebracht, wo 50 Jahre zuvor bereits der große Dichter und Komponist Christian F. D. Schubart so schwer gelitten hatte. Ende Oktober wurde Kammerer zum Glück auf Kaution wieder freigelassen. Der Legende nach erfand er mich während seiner Haftzeit, und wieder in Freiheit, entwickelte er mit Phosphor und einer aus Kaliumchlorat bestehenden Zündmasse meinen Urahnen, den Prototyp des heutigen Streichholzes. Diese Experimente missfielen den Nachbarn, die sich, nicht ganz zu Unrecht, über »das Gezündel und die Explosionen« aufregten. Als im Dachstuhl des Kammerer'schen Hauses in der Stadtmitte ein Brand ausbrach, verlegte er den Betrieb in ein neu erworbenes Gebäude am Asperger Tor. Hier beschäftigte er bald zwei Dutzend Arbeiter, die täglich 600 Zündholzkistchen herstellten. Den Phosphor gewann er aus Tierknochen, die er in Mengen aufkaufte. Vertrieben wurden seine Streichhölzer über das Nürnberger Kaufhaus *Leuchs & Co.* bis ins ferne Algier, und sein kleiner Betrieb blühte bis 1837 zu einem Unternehmen mit rund 40 Beschäftigten auf.

Aber bereits im Februar 1838 kam es zu einer erneuten Anklage und dieses Mal auch zu einer Verurteilung: Zwei Jahre Haft lautete das Urteil eines Esslinger Gerichts wegen »intellektueller Beihilfe zu einem versuchten Hochverrat«. So blieb Kammerer nichts als die Flucht in die Schweiz, wo er sich in der Zürcher Gegend niederließ. Jetzt ging es aufwärts. 1841 bezog er in Riesbach ein eigenes Fabrikgebäude, wo er in großem Stil selbst seine Zündhölzer produzieren konnte. Bald vertrieb er sie in ganz Europa. Vom Heimweh geplagt, kehrte er 1847 nach Ludwigsburg zurück, was er besser gelassen hätte: Er erkrankte an einem Nervenleiden, und nach der gescheiterten Revolution von 1848 hieß es gar, er sei dem Wahnsinn verfallen. So entzog er sich zwar weiterer Verfolgung, doch wurde er in die gefürchtete Nervenklinik Winnenden verbracht. Im Jahr 1857 starb er.

In ihrer Ortsmitte hat die Gemeinde Ehningen ihrem berühmtesten Sohn, dem Erfinder der Reibzündhölzer, ein Denkmal gesetzt. Und im Jahre 1980 erhielt die Ehninger Grund- und Hauptschule den Namen Friedrich-Kammerer-Schule. Zudem soll bald im Rathaus der Gemeinde eine Dauerausstellung an meinen Erfinder erinnern. Diverse Urkunden und Zeugnisse aus Kammerers Leben wurden der Gemeinde Ehningen bereits als Dauerleihgabe zur Verfügung gestellt.

Noch in einer weiteren Hinsicht ist mein Erfinder bemerkenswert: Seine Tochter Emilie war die Mutter des Dichters Frank Wedekind, des Schöpfers der berühmten *Lulu*. So, wenn Sie sich das nächste Mal ein Streichholz anstecken, denken Sie an meinen Erfinder. An mich brauchen Sie nicht zu denken, ich bin es gewohnt, dass man mich achtlos wegwirft.

STEIFF ERLEBNISMUSEUM /// MARGARETE-STEIFF-PLATZ 1 ///
89537 GIENGEN AN DER BRENZ ///

MARGARETE STEIFF IST BÄRENSTARK
Teddybär – Steiff Erlebnismuseum Giengen 46

Psssst, psssst: Sie da, ja, Sie meine ich. Mit dem reizenden kleinen Kind, das gerade so bitterlich weint. Das ist ja nicht mit anzusehen! Zumal ich dem Kleinen seinen Kummer gewiss vergessen lassen kann. Wieso? Nun, ganz einfach: Ich bin ein Teddy. Genauer gesagt bin ich Bär PB 55. Klingt komisch? Nun, daran merke ich, dass Sie kein Bären-Experte sind. Zum Glück! Denn wenn Sie wüssten, dass ich einer der ersten 3.000 Bären bin, die die Schwäbin Margarete Steiff im Jahr 1903 auf der Leipziger Spielwarenmesse an einen begeisterten amerikanischen Händler verkaufte, würden Sie mich vielleicht auf einer Auktion für viel Geld an einen Sammler versteigern wollen. Denn keiner meiner 2.999 Kameraden ist erhalten geblieben – dabei waren wir doch die ersten unserer Art. Und wir haben seitdem zweifelsohne Karriere gemacht! Mich würde ja schon interessieren, wie viel ich Wert bin – es ist mit Sicherheit eine Menge –, aber meine Freiheit ist mir dann doch wichtiger. Wer will schon hinter Glas in einem Museum stehen? Darum verstecke ich mich und tröste nur ab und zu ein kleines Kind; dafür sind wir ja schließlich gemacht!

Zugegeben, mein Name ist etwas sperrig: Bär PB 55. Das steht dafür, dass ich stattliche 55 Zentimeter groß, aus Plüsch bin und die Arme und Beine bewegen kann. Ich bin also ganz kuschelig! Und ein hübscher Kerl. Dafür hat Richard Steiff, der Neffe der Firmengründerin Margarete Steiff, gesorgt. Er war Ende des 19. Jahrhunderts an der Kunstgewerbeschule in Stuttgart beschäftigt und ein häufiger Besucher von *Nills Tiergarten* – einem Vorläufer der *Wilhelma*. Gegründet wurde dieser private Zoo am 1. Juli 1871 vom Zimmermeister Johannes Nill im Bereich der heutigen Azenbergstraße. Neben Elefanten, Zebras, Löwen, Affen und Schlangen gab es dort auch einen Braunbären. Und eben jener hatte es Richard Steiff ganz besonders angetan. Seine Bären-Zeichnungen aus *Nills Tiergarten* sollen seiner Tante Margarete Steiff als Vorbild für mich gedient haben.

Margarete Steiff, die ja irgendwie eine Mutter für mich ist, wurde 1847 in Giengen an der Brenz geboren. Mit 18 Monaten erkrankte sie an Kinderlähmung. Seitdem waren ihre Beine gelähmt,

Steiff-Teddybär Jonathan Macbear

ihren rechten Arm konnte sie nur unter Schmerzen belasten. Doch eine Bären-Mama wäre keine solche, wenn sie sich nicht stark wie eine Bärin durchs Leben kämpfte. Im Leiterwagen fahren ihre Geschwister sie in die Schule. Eine Nachbarin trägt sie in den Klassenraum. Das Mädchen hat einen eisernen Willen. Margarete Steiff besuchte trotz der Schmerzen in der rechten Hand die Nähschule und machte eine Schneiderlehre. Zusammen mit ihren beiden älteren Schwestern Marie und Pauline eröffnete sie zunächst eine Damenschneiderei. 1877 machte sie sich selbstständig und gründete ein Filzkonfektionsgeschäft. Im Journal *Modenwelt* sah sie 1879 das Schnittmuster für einen kleinen Stoffelefanten. Nach dieser Vorlage nähte sie das *Elefäntle* als Nadelkissen. Doch nicht Nadeln sollten fortan darin ruhen; kleine, rotgesichtige Kinder rieben ihre heißen Wangen an dem kleinen Stofftier, mit dessen Hilfe sie besser zur Ruhe kamen: Das *Elefäntle* wurde als Spielzeug sehr beliebt. Bald kamen Affen, Esel, Mäuse, Hunde, Hasen und Giraffen dazu. 1893 wurde eine Spielwaren-Fabrik als *Margarete Steiff, Filzspielwarenfabrik Giengen/Brenz* ins Handelsregister eingetragen.

Eine ganze Menagerie hatte Margarete da also geschaffen. Nur das Entscheidende fehlte noch … Ja, klar: die Bären! Diese überaus bemerkenswerte Frau war übrigens erst mal gar nicht so angetan von uns. Sie war skeptisch, ob den Kindern Bären gefallen würden. Na ja, jeder kann sich mal irren. Denn freilich wurden wir schon bald zum Verkaufsschlager, und unser sperriger Name PB 55 wich in unserer schwäbischen Heimat einem zärtlichen »Bärle«. Doch erweiterten wir unser Revier alsbald. 1906 wurde uns eine weitere große Ehre zuteil: Ich und meine Bären-Kumpel wurden nach dem amerikanischen Präsidenten Theodor »Teddy« Roosevelt benannt, nachdem dieser sich als Bärenfreund erwiesen und bei einer Jagd geweigert hatte, auf einen Bären zu schießen. Gut so! Zu dieser Zeit trugen meine Nachfahren bereits den berühmten »Knopf im Ohr« als Markenzeichen. Sieht ja gut aus, tut aber bestimmt scheußlich weh! Mittlerweile hat die Firma Steiff, die noch immer in Giengen sitzt, Millionen um Millionen an Bären-Kumpels produziert, in allen nur erdenklichen Größen, Formen und Farben. Und natürlich werden auch all die anderen Tiere immer noch gefertigt. Das firmeneigene *Steiff Erlebnismuseum* in Giengen bietet zudem eine Erlebniswelt für kleine Abenteurer. Und somit werden ganz viele Kinder glücklich gemacht. Sehen Sie, Ihr Kleiner hat auch längst aufgehört zu weinen und schläft nun friedlich. Vielleicht sollten Sie ihm fortan einen eigenen Bären ins Bettchen legen. Damit das Kind einen plüschigen Kumpel hat, dem es von seinem Kummer erzählen kann und der ihn tröstet. Denn ich muss jetzt leider weiter, irgendein Kind auf dieser Welt braucht mich immer. Und psssst, psssst – verraten Sie mich bloß nicht!

ADOLF RAMBOLD SCHREDDERT UND VERPACKT
Teebeutel – The English Tearoom Stuttgart (47)

Badener haben es schon immer geahnt: Schwaben wissen die schönen Dinge nicht zu schätzen. Ihnen fehlen der Geschmack und die Muße. Der Nachbar spart halt gerne Zeit und Geld. Deshalb ist es auch nur folgerichtig, dass ein Schwabe den Teebeutel erfunden hat. Eine praktische Erfindung fürwahr; es geht zügig, es ist eine saubere Sache, man hat die Teeblätter nicht überall kleben – dafür ist der Geschmack verwässert. Manchmal bis zur Unkenntlichkeit. Gut, das hängt auch vom Wasser ab, das man verwendet. Doch wie sagt man: Die Geschmäcker sind halt verschieden. So plagte einen Mann so sehr der Durst, dass er im Badnerland aus dem Rhein trank. Als ein Passant das sah, rief er: »Trinken Sie das Wasser nicht, das ist giftig!« Der Trinkende: »Könnet Sie laudr schwäddza, i verschteh nix!« Da ruft der Badener dem Schwaben zu: »Trinken Sie langsam, das Wasser ist kalt!«

Doch gegen Magenzerren ist der Deutsche, ob Schwabe, Badener, Bayer oder Preuße, ja gewappnet. Hat er doch stets Kamille im Haus. Zwei Gramm geschreddert im Beutel. Jenem Doppelkammerbeutel, den der gebürtige Stuttgarter Adolf Rambold im Dienste der Firma Teekanne entwickelte.

Wobei man ehrlicherweise sagen muss, die Idee, Tee in Beutel zu stecken, hatte der New Yorker Händler Thomas Sullivan. Der Versand der damals gebräuchlichen Blechdosen war ihm zu teuer, er verschickte den Tee also in Stoffbeuteln. Seine Kunden packten ihn erst gar nicht aus, sondern hängten ihn so ins heiße Wasser. Das Getränk schmeckte vornehmlich nach Sackleinen. Gleichwohl, es war praktisch. Die Idee setzte sich auch in Deutschland durch. Teekanne füllte den Tee in Mullsäckchen. Das Getränk schmeckte vornehmlich nach Mull. Dem schwäbischen Schlosser Adolf Rambold ließ das keine Ruhe, er entwickelte 1928 ein geschmacksneutrales Pergamentpapier und baute dazu passend eine Abfüllmaschine. 1949 entwickelte er den Doppelkammerbeutel: Ein Papierschlauch wird in der Mitte geknickt und von beiden Seiten mit Tee befüllt. Wohl bekomm's. Falls Sie auf den Geschmack gekommen sind: Die Teehandlung The English Tearoom in Stuttgart bietet Köstliches in Beuteln, aber vor allem in loser Form.

VON HÄHNLE AUFGENOMMEN: ADLER IN DEN ITALIENISCHEN ALPEN

EINEN TEIL VON HÄHNLES NACHLASS BESITZT DAS HAUS DES DOKUMENTARFILMS /// TECKSTRASSE 62 /// 70190 STUTTGART /// WWW.HDF.DOKUMENTARFILM.INFO ///

HERMANN HÄHNLE HINTER DER KAMERA
Tierfilm – Haus des Dokumentarfilms Stuttgart

48

Jedes Kind, in dessen Heim ein Fernsehgerät steht, kennt die Filme von Heinz Sielmann. Der Verhaltensforscher zeigte als Erster Tierdokumentationen im Fernsehen, die von ihm gedrehten 250 Folgen werden in regelmäßigen Abständen wiederholt. Und so klopft in 98 Prozent aller deutschen Haushalte ab und an der Specht an die Mattscheibe oder dringt das Gebrüll der Berggorillas aus den Fernsehlautsprechern. Sielmann fand 1924 Interesse an den Tierfilmen, die damals vor den Hauptfilmen im Kino liefen – diese weckten in ihm den frühen Wunsch, selbst Tierfilmer zu werden. Es liegt die Vermutung nahe, dass er dabei auch in den Genuss von Aufnahmen kam, die aus der Kamera von Hermann Hähnle stammen. Denn dieser schwäbische Erfinder filmte 1902 als weltweit Erster freilebende Tiere. Dennoch ist Hähnle heute fast vergessen – liefen und laufen seine Filme doch freilich auch nicht im Fernsehen. Sie wurden im Kino oder als Schulfilm gezeigt.

Dr. Kay Hoffmann, Studienleiter Wissenschaft am Haus des Dokumentarfilms in Stuttgart, rückte Hähnles Aufnahmen im Jahr 2009 wieder ins Blickfeld der Öffentlichkeit. »Da unser Haus einen Teil des Nachlasses von Hermann Hähnle übernommen hat, kam uns die Idee, einen Teil davon auf DVD zu veröffentlichen«, sagt Hoffmann. Entstanden ist das Porträt *Filmpionier Hermann Hähnle – Immer in Bewegung* mit Originalmaterial aus Hähnles Nachlass sowie mit neu gedrehten Filmsequenzen, etwa in der 1958 gebauten Filzfabrik seiner Familie in Giengen. In der ehemaligen Freien Reichsstadt Giengen an der Brenz im Osten Baden-Württembergs an der Grenze zu Bayern wurde Hermann Hähnle am 5. Juni 1879 als Sohn von Hans und Lina Hähnle geboren. Die Mutter Lina Hähnle war die Tante von Margarete Steiff, der Erfinderin des nach »Teddy« Roosevelt benannten Teddybären. Hähnle wuchs in einer großbürgerlichen, weltoffenen und wohlhabenden Industriellen-Familie auf, die nach Stuttgart übersiedelte und dort eine luxuriöse Villa in der Jägerstraße 34 bezog. Hermann Hähnle besuchte das Realgymnasium in Stuttgart und studierte 1899 an der dortigen Technischen Hochschu-

Selbstporträt von Hermann Hähnle

le. Danach war er als Wärmeingenieur tätig. 1921 meldete er sein erstes Patent an, dem bald mehrere Hundert folgten.

Im Jahr 1900 besuchte Hähnle zum ersten Mal eine kinematografische Vorführung. Er erwarb eines der Kinogeräte, die die Firma Otto Messter in Berlin seit dem Jahre 1896 herstellte. Ein Grund für sein Interesse an den bewegten Bildern war, dass seine Mutter Lina Hähnle im Jahr 1899 in Stuttgart den Bund für Vogelschutz gegründet und den Vorsitz übernommen hatte.»Hermann Hähnle hat den Film als Werbeinstrument für den Vogelbund erkannt«, sagt Kay Hoffmann, »er war einer der Ersten, die die modernen Medien nutzten, um für eine Sache zu trommeln – wohl auch, weil er neuer Technik gegenüber aufgeschlossen war: ein typischer Schwabe eben.« Bereits im Jahr 1902 konnte Hermann Hähnle seine eigenen bewegten Bilder auf den Versammlungen des Bunds für Vogelschutz zeigen, also zu einer Zeit, als ständige Kinos auch in Städten noch recht selten waren. Als sich dies allmählich wandelte, tat sich Hähnle als Kinoreformer hervor: 1921 machte er sich auf einer Tagung in Stuttgart dafür stark, dass die Kinos für die Vorführung von anspruchsvollen Filmen mit Steuerbegünstigungen belohnt wurden. Das kurbelte die Kulturfilmproduktion an.

Der vielbeschäftigte und vielseitig interessierte Hähnle bildete, um an Filmmaterial zu kommen, viele Kameratalente aus und finanzierte ihnen Expeditionen. So schickte er etwa einen Kameramann mit Eisbär- und Robbenjägern ins Eismeer. Von den spektakulären Aufnahmen ist noch Ursprungsmaterial erhalten, nicht aber der fertige Film. Generell ist heute nur noch ein kleiner Teil von Hähnles Aufnahmen erhalten. Im Zweiten Weltkrieg wurde viel Material in dem Haus in Giengen zerstört. Übrig geblieben sind insgesamt nur zehn bis 15 Stunden, zwei bis drei Stunden Filmmaterial sind im Besitz des Hauses des Dokumentarfilms. Seien es Bilder von den Wisenten in Polen, von den Edelreihern in Rumänien oder von Adlern in den italienischen Alpen: Hermann Hähnle, der von 1946 bis 1960 Präsident des Bunds für Vogelschutz war – des heutigen NABU –, setzte sich auch dafür ein, in seinen Filmen die aussterbenden Tiere der Heimat zu erfassen. »Man muss sich vor Augen führen, dass die Idee des Naturschutzes in den 50ern noch keine Lobby hatte«, sagt Kay Hoffmann, »das heutige Interesse für dieses Thema liegt unter anderem an Hähnles Aufklärungsarbeit – er war in vielerlei Hinsicht ein Pionier.«

Doch Hermann Hähnle soll kein stiller schwäbischer Tüftler, sondern ein lebensfroher Mensch gewesen sein, wie sein Großneffe Wilfried Knöringer Kay Hoffmann berichtet hat. Davon zeugen einige Humoresken, die er gedreht hat. Neben diesen Luststücken und den Tieraufnahmen fertigte er auch Filmdokumente, die ein Stück Zeitgeschichte festhalten. So stammen von ihm eventuell sogar die einzigen Aufnahmen vom Besuch des Reichspräsidenten Paul von Hindenburg in Stuttgart 1925, die diesen zusammen mit dem Staatspräsidenten Wilhelm Bazille zeigen. Sicher ist dies aber nicht, sie könnten auch nur aus seiner Sammlung stammen. Hermann Hähnle war jedoch wahrlich in vielerlei Hinsicht ein Pionier.

FUSSBALLER AUS DEM JAHR 1938 IN BLEI

EINEN FABRIKVERKAUF BIETET DIE SPORTSPIELFABRIK
EDWIN MIEG OHG /// DICKENHARDTSTRASSE 55 ///
78054 VILLINGEN-SCHWENNINGEN /// 0 77 20 / 85 58 80 ///
WWW.TIPP-KICK.DE ///

KARL MAYERS UND EDWIN MIEGS MINIFUSSBALL
Tipp-Kick – Sportspielfabrik Edwin Mieg Schwenningen   49

Günther Netzer war zunächst ein Tipp-Kick-Männchen. Er hatte in Wirklichkeit einen Druckknopf auf dem Kopf und konnte nur das rechte Bein bewegen. Das behauptet zumindest Regisseur Gil Mehmerts in seinem Film *Aus der Tiefe des Raumes*. Der Spielmacher von Borussia Mönchengladbach sei aus Zink gewesen, ehe er in ein Bad aus Entwicklerflüssigkeit fiel und nach reichlich Brodeln und Blubbern als ungelenker Kerl aus Fleisch und Blut der Wanne entstieg. Die Nummer 10, die er schon als Spielzeugmännchen auf dem Rücken getragen hatte, behielt er dabei. Aber wie er zu seiner blonden Mähne kam, wo er als Tipp-Kicker doch schwarze Haare gehabt hatte, ist eines der Rätsel, die dieser Film ungelöst lässt. Eine unvorstellbare Geschichte?

Wenn man einmal bei Deutschen Meisterschaften im Tipp-Kick kiebitzt, dann merkt man, dass die Leidenschaft der Spieler durchaus Zinkmännchen zum Leben erwecken kann. Da wird mit dem Torwart oder dem Stürmer gebruddelt und gehadert, als ob sie echte Menschen wären und der Fehlschuss natürlich nichts mit dem zu tun hätte, der aufs Knöpfchen drückt, sondern alles mit dem Tipp-Kick-Männchen.

In einem früheren Leben hat das Benjamin Buza (40) auch so gemacht. »Ich habe mich ganz schön aufgeregt«, sagt er, »ich habe auch schon mal meine Spieler gegen die Wand gefeuert.« Ganz wie beim großen Fußball. Versagt – weg mit ihm. Her mit dem nächsten, »hire and fire«, wie man das so schön im Englischen sagt. Man mag das gar nicht glauben, wenn man Buza so gegenübersitzt. Da wirkt er ruhig, höflich und bescheiden, als könne er kein Wässerchen trüben. Doch wenn man auf dem Videokanal YouTube den Film vom Finale 2013 in Hildesheim anschaut, als er mit 4:2 gegen den Frankfurter Frank Hampel gewann, dann sieht man, dass der Porsche-Schaffer mächtig viel Temperament hat. »Balkan«, sagt er nur und lacht. Seine Eltern stammen aus Serbien aus der Vojvodina, wo viele Ungarn zu Hause waren. »Ich habe bestimmt schon 20 Figuren kaputt gemacht«, sagt er, »doch ich

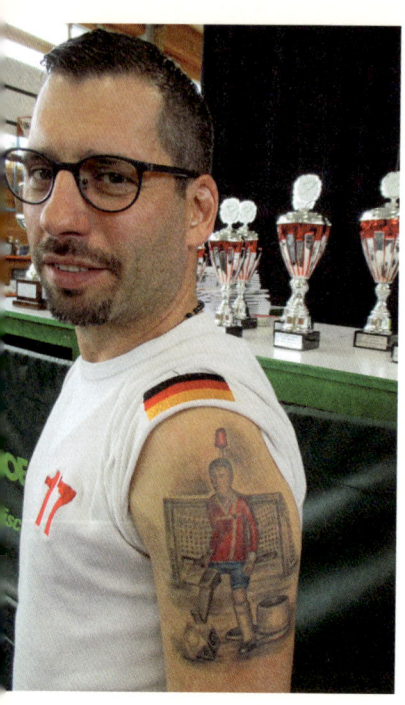
Tipp-Kick-Meister Benjamin Buza

habe gemerkt, dass mir das nicht guttut.« Seine Wut habe ihn immer wieder rausgebracht, »doch seit ich im Kopf klarer bin, läuft es«. Zweimal wurde er Deutscher Meister mit der Mannschaft des TKC 71 Hirschlanden und zweimal Einzelmeister. Nach knapp 40 Spielen à zehn Minuten. »Man glaubt das nicht, aber das schlaucht wirklich«, sagt er, »du darfst ja in der Konzentration nie nachlassen, und gerade am Ende gegen die richtig Guten kommt es auf Kleinigkeiten an. Und erstmals hat dann wirklich alles gepasst. Das war echt unglaublich. 28 Jahre habe ich dafür gebraucht.« Mit zwölf Jahren hat er in einer Schul-AG angefangen, dann bei einem Amateurturnier mitgemacht und gewonnen. Seitdem spielt er nicht mehr »aus Jux und Tollerei«, sondern um besser zu werden und zu gewinnen. So kam er zum TKC 71 Hirschlanden, mit 30 aktiven Spielern der größte Tipp-Kick-Verein Deutschlands.

Das ist kein Zufall, hat doch der Apothekenmöbelhersteller Karl Mayer in Stuttgart das Spiel erfunden. Edwin Mieg aus Schwenningen kaufte das Patent und stellte vor 90 Jahren die damals aus Blech gemachten Kicker bei der Spielwarenmesse in Leipzig vor. Auf einem Treppenabsatz, weil er kein Geld für einen Stand hatte. Mieg ließ die Spieler dann aus Blei gießen. Weil das im Krieg knapp wurde, begann man, sie aus dem heute noch gebräuchlichen Zink zu fertigen. Bis heute entstehen die Männchen in der Sportspielfabrik Edwin Mieg OHG in Villingen-Schwenningen. Mittlerweile ist allerlei Schnickschnack dazugekommen – die Torhüter können sich nun auch nach vorne werfen, Flutlicht gibt es und erstmals ein Männchen mit Wuschelkopf statt der bisher üblichen Einheitsfrisur. Es soll der Brasilianer Dante sein.

Buza war da seiner Zeit voraus. Er hat seine Kicker bemalen lassen. Mit allen Details. So hatte er in seiner Kiste den Ungarn Ferenc Puskás, Spezialist für Außenristdreher, den Serben Predrag Mijatović, Spezialist für harte Schüsse, »Bretter«, wie die Experten sagen, sowie Raúl, Mario Gomez und Manuel Neuer. Die hat er nach der ersten Deutschen Meisterschaft alle in den Ruhestand geschickt. Sie stehen ebenso in der Vitrine wie sein bestes Stück: ein Schussbein, das er seit 1990 hat. Die Spieler, die es trugen, sind dem Verschleiß erlegen, doch das Bein ist aus Stahl und robust. Mit einem gewöhnlichen Tipp-Kick-Schussbein hat es nichts gemein. Die Profis feilen oder lassen feilen – 150 Euro kostet so ein Bein, das auf einem Gleitlager ruht. Es ähnelt einer Prothese und kommt in verschiedenen Formen daher. Bis zu vier Spieler darf man einsetzen. Buza hat derzeit zwei im Einsatz, ganz grau sind sie, »ich bemale sie auch nicht«. Dafür hat er sich selbst bemalen lassen. Seit dem Gewinn des Titels ziert eine Tätowierung seinen linken Oberarm. Ein Tipp-Kick-Spieler, der vor einem Tor steht. Eine ganz eigene Tätowierung. Die zu einem ganz eigenen Sport passt, bei dem alte Weisheiten nicht gelten: Ein Spiel dauert nicht 90 Minuten, sondern zehn; der Ball ist nicht rund, sondern eckig. Und wer weiß, vielleicht taucht irgendwo in der Tiefe eines Tipp-Kick-Feldes sogar Günther Netzer auf.

FAMILIE LANZ' BULLDOG BRUMMT

(Rohöl-)Traktor – Traktormuseum Bodensee Uhldingen-Mühlhofen

50

Erst bellt der Motor. Dann klackt er, schließlich wummert und brummt er in einem Bass, der Liebhaber von Traktoren in Verzückung geraten lässt. So klingt ein Lanz Bulldog. 1921 hat ihn die Firma Lanz erstmals gezeigt. Seitdem gilt er als der Traktor schlechthin. Alles begann mit Heinrich Lanz. 1859 stieg er ins elterliche Geschäft ein, eine Importfirma. Er reiste über Land, sprach mit den Bauern und schwärmte ihnen vor, um wie viel einfacher und ertragreicher ihre Arbeit würde, sollten sie Maschinen verwenden – die er aus England einführte. Er verkaufte von Mannheim aus Schrotmühlen, Milchzentrifugen, Dreschmaschinen. Alsbald reparierte er sie auch. Lanz expandierte, er gründete Niederlassungen in Amsterdam, Moskau, Paris, Turin, Warschau, Wien. 1879 baute er erstmals selbst Loks und Dreschmaschinen. Sohn Karl fügte dem Portfolio nach dem Tod des Vaters im Jahre 1905 Luftschiffe und Flugzeuge hinzu. Doch das Augenmerk bei Lanz lag weiterhin auf Landmaschinen. So präsentierte man 1921 den Bulldog. Er war unverwüstlich und genügsam. In seinen Tank konnte man, statt teuren Diesel, Rohöl, Teeröl, Spiritus, Schweröle oder Biosprit füllen. Er schluckte alles. Generationen von Bauern lernten das Ritual: mit einer Lötlampe den Glühkopf vorheizen, von Hand einspritzen, das Lenkrad herausziehen und ins Schwungrad stecken. Gegen den Uhrzeigersinn drehen. Dann wummert der Bulldog. Der Name kommt daher, dass der Glühkopf dem Gesicht einer Bulldogge ähnelt. 30 Jahre lang baute Lanz den Bulldog. Die Konkurrenz eroberte derweil den Markt mit neueren Diesel-Modellen. 1956 kaufte das Unternehmen John Deere die Firma. Die Amerikaner merkten, dass die Mannheimer eigen sind. Die neuen Chefs verfügten, dass nur in der Vesperpause Bier getrunken werden dürfe, statt wie bisher nach Belieben. Und sie orderten für die Kantine kleinere Flaschen. Es kam zum sogenannten Bierstreik. Ein letztes Aufbegehren, schließlich wich das Lanz-Blau dem Gelb und Grün von John Deere. Doch ein echter Bulldog trägt immer noch Blau. Frühe Modelle kann man heute etwa im Traktormuseum Bodensee bestaunen.

STADTMUSEUM /// KORNHAUSSTRASSE 10 /// 72070 TÜBINGEN ///
0 70 71 / 2 04 17 11 /// WWW.TUEBINGEN.DE/STADTMUSEUM ///

LOTTE REINIGER LEHRT DIE BILDER LAUFEN
Trickfilm – Stadtmuseum Tübingen

Man sieht nur ihre Hände. Und weiß plötzlich, dass man das Wort »fingerfertig« für Lotte Reiniger erfunden hat. So flink führt sie die Schere durch die schwarze Pappe, dass das Auge kaum folgen kann. Den Papageno schneidet sie aus, Mozarts Vogelfänger. Für einen Trickfilm zur Oper *Zauberflöte*. Unglaubliche 40 Bilder pro Takt schafft sie, damit die Bewegungen flüssig und rhythmisch scheinen. All das ist zu sehen in einem kurzen Film, mit dem die Reiniger-Ausstellung im Tübinger Stadtmuseum ihre Besucher empfängt und verblüfft. Reiniger selbst würde das Erstaunen ob ihrer Fingerfertigkeit wohl selbst erstaunen. Hat sie doch gesagt: »Meine Hände gehen schon so lange mit der Schere um, dass sie von ganz allein wissen, was sie tun müssen.«

1899 in Berlin geboren, setzte sie ihren Kopf durch, behauptete sich in einer Welt, die für sie als Frau eine demütige Rolle vorgesehen hatte, und wurde die Pionierin des Trickfilms. Sie arbeitete mit Paul Wegener, Jean Renoir, Kurt Weill, Bertolt Brecht. Sie lebte in London, in Rom – und in Dettenhausen am Rande des Schönbuchs. Denn im Alter zog sie zu dem Dettenhauser Pfarrersehepaar Alfred und Helga Happ, starb dort 1981. Die Happs erbten ihren Nachlass, deshalb ist er im Stadtmuseum zu sehen. Eine glückliche Fügung. Ist in der Region Stuttgart doch eines der Zentren des Trickfilms entstanden, mit der Filmhochschule in Ludwigsburg, zahlreichen Studios und natürlich dem Trickfilmfestival in Stuttgart selbst. Dort wird im Übrigen der Lotte-Reiniger-Förderpreis vergeben. Das klingt zunächst komisch, da ehrt man Talente, die am Computer Pixel um Pixel zusammenbasteln, mit einem Preis, der den Namen einer Schattenspielerin und Scherenschneiderin trägt. Vergangene Zeiten, sollte man meinen. Altes Handwerk, entschwunden, so wie das Stellmachen, das Seifensieden und das Schriftsetzen. Doch das Interesse wächst, sagt Evamarie Blattner, die sich fürs Stadtmuseum Tübingen um Reinigers Nachlass kümmert. »Ihre Filme werden auf der ganzen Welt gezeigt«, in Teheran und Paris war die Ausstellung zu Gast. Und wer ihre Filme anschaut, der erkennt: Diese Kunst

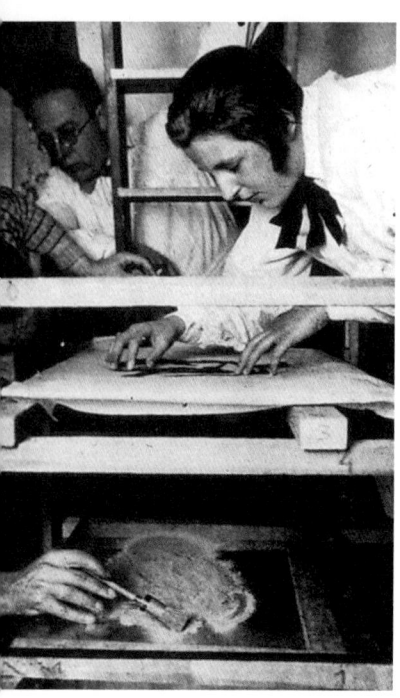

Lotte Reiniger am Tricktisch

wirkt niemals altbacken oder verstaubt. Doch wer war diese Frau, die von Anfang an ihrem Traum gefolgt ist? Als Kind besuchte sie eine reformpädagogische Schule. Die stattete das Mädchen mit einem Dickkopf und Selbstvertrauen aus. Zum Entsetzen ihrer Eltern, die partout nicht einsahen, dass ihre Tochter Schauspielerin werden wollte. Doch der Widerstand war vergebens. Und auch der berühmte Mime Paul Wegener war gegenüber Lotte chancenlos. Reiniger: »Er war der Mann, der weiß, was ich gerne wissen möchte, und ich zerbrach mir den Kopf, wie ich an ihn herankommen könnte.« Gesagt, getan. Die 17-jährige Lotte Reiniger ging 1916 ans Deutsche Theater, nahm dort Unterricht und schlich sich hinter die Bühne, um Scherenschnitte von den Schauspielern anzufertigen. Wegener fiel das junge Mädchen auf, er war begeistert vom neuen Medium Film, nahm sie in sein Team auf.

Sie wusste sich durchzusetzen und wie man die Männer zu nehmen hat. »Man musste nur heulen, dann hörten die auf«, sagte sie rückblickend. Man darf annehmen, dass sie nicht allzu viele Tränen zu vergießen brauchte. Schnell verschaffte sie sich Respekt. Sie gestaltete mehrere Vorspänne zu Wegeners Filmen, gründet 1919 das *Institut für Kulturforschung*, ein Trickfilmstudio. Dort entwickelt sie aus ihrer Kenntnis der Schattenspiele und mit ihren Scherenschnitten die ersten Silhouettenfilme. Mit ihrem späteren Ehemann Carl Koch drehte sie ihren ersten eigenen Film, *Das Ornament des verlorenen verliebten Herzens*. Es folgten Märchenfilme und gar ein Werbestreifen für Nivea.

Die Zeiten waren hart, die Mark verlor rasant an Wert. So kam der Bankier Louis Hagen auf die Idee, er könne sein Geld doch auch

Trickfilmkünstlern überlassen, bevor es ohnehin nur noch bedrucktes Papier sei. Er mietete ein Atelier in Potsdam und förderte Reiniger und Koch. Drei Jahre lang arbeiteten die Eheleute an einem abendfüllenden Film. Lotte Reiniger schnitt die Hintergründe und Hunderte von Figuren, bescherte ihnen Gelenke und machte sie so beweglich. Sie fotografierte sie, verschob sie, fotografierte sie wieder. Auf einem Tricktisch, dessen Herstellung sie so beschreibt: »Du nimmst Mutterns besten Tisch, sägst ein Loch rein, legst eine Glasplatte darauf, nimmst Scherenschnitte und Butterbrotpapier, und schon hast du einen Tricktisch.« 24 einzelne Aufnahmen ergeben eine Sekunde Film. Reiniger und Koch nahmen 250.000 Bilder auf, 100.000 verwendeten sie für den Film *Prinz Achmed*. Und ließen so Achmed fliegen, Skorpione und Schlangen kämpfen, Haremsdamen tanzen. Die Premiere war im Juli 1926 in der *Comédie des Champs-Elysées* in Paris, dank ihres Freundes, des Regisseurs Jean Renoir. Mit ihm drehten Koch und Reiniger Filme, mit Brecht und Weill reisten sie nach Südfrankreich, um an der *Dreigroschenoper* zu arbeiten.

1935 wanderte das Ehepaar nach London aus, das nach Stationen in Rom und Berlin 1949 zu ihrer endgültigen Heimat wurde. Dort arbeitete sie als Illustratorin für Bücher und Zeitungen und machte Filme für die *BBC*. 1963 starb Carl Koch. Lotte Reiniger war tief getroffen. Sie widmete sich wieder den Schattenspielen und lernte so das Ehepaar Happ kennen. Schließlich stand sie mit einem Koffer vor der Tür und sagte, sie bleibe jetzt »für immer« in Dettenhausen. Dort ist sie auch begraben. Ihre Kunst jedoch lebt weiter.

ROBERT BOSCHS 1.000 PATENTE UND GESICHTER

Urlaub – Bosch-Areal Stuttgart (52)

Man stelle sich ein Auto vor, das ohne die Geistesblitze von Robert Bosch und seinen Mitarbeitern auskommen müsste: Man müsste noch kurbeln, damit es anspringt. Man würde durchs Dunkel fahren, weil nur eine trübe Funzel Licht spendete. Man müsste den Arm rausstrecken beim Abbiegen. Man müsste die Windschutzscheibe von Hand abwischen. Man müsste brüllen, wollte man auf sich aufmerksam machen. Anlasser, Blinker, Scheinwerfer, Scheibenwischer, Hupe – alles Erfindungen der Firma Bosch. Wie die Zündkerze; am 7. Januar 1902 erhielt Robert Bosch das Patent auf einen Hochspannungs-Magnetzünder in Verbindung mit einer Zündkerze. Damit ließ sich erstmals verlässlich das Gemisch aus Benzin und Luft im Motor zünden. Der Funke sprang über, jetzt erst konnten die Autos zuverlässig und zügig fahren. Ersonnen hatten diese Erfindung Boschs Mitarbeiter Arnold Zähringer und Gottlob Honold. Ein genialer Erfinder war Bosch nämlich nicht. Aber er war ein genialer Unternehmer, der Talente erkannte und förderte. Er scharte begabte Techniker und Ingenieure um sich, die findig und erfinderisch waren.

Es gibt den sparsamen Bosch, der Büroklammern aufliest und vor dessen Kontrollgängen die Mitarbeiter sagten: Der Chef kommt, löscht die unnötigen Lichter. Es gibt den bescheidenen Bosch, der bei einer Übernachtung in einem Gasthof ins Gästebuch unter »Stand« nicht etwa »Unternehmer« schrieb, sondern »Mensch«. Es gibt den neugierigen Bosch, der sich nach seiner Mechanikerlehre als Gasthörer an der Technischen Hochschule in Stuttgart einschrieb, um herauszufinden, wie er sagte, »was Spannung und Stromstärke, was eine Pferdekraft war«. Es gibt den weltläufigen Bosch, der nach Amerika ging und bei einem Edison-Werk in New York arbeitete und bei den Siemens-Brothers in England. Es gibt den mutigen Bosch, der 1886 eine Werkstätte in Stuttgart eröffnete. Die verfügte über zwei Werkräume, und eine Schreibstube, Bosch stellte einen Mechaniker und einen Laufburschen ein. Man fertigte Blitzableiter, Telefonschnüre, elektrische Wasserstandsmelder.

Porträt von Robert Bosch

Es gibt auch den hartnäckigen Bosch, der sich durchbiss. Das Erbe seines Vaters war nach einer Durststrecke aufgebraucht, auch das von seiner Mutter geliehene Geld und Kredite halfen nur kurze Zeit. Er stand kurz vor der Pleite. Von seinen mittlerweile mehr als 20 Mitarbeitern musste er 1892 fast alle entlassen, nur zwei konnte er weiter bezahlen. Und gab doch nicht auf. Es gibt den knitzen Bosch, der sagte: »Dass ich in Mathe schlecht war, hat nicht an mir gelegen, sondern an den Lehrern.« Es gibt den freigiebigen Bosch, der immer wieder Geld spendete, aber nicht wollte, dass darüber geredet wird. So schenkte er seiner Heimatgemeinde Albeck auf der Alb 10.000 Reichsmark für den Bau eines neuen Schulhauses. Seine Bedingung: Dies muss geheim bleiben. Erfahre jemand von der Spende, müsse die Gemeinde ihm 500 Mark zurückzahlen. Es blieb geheim.

Es gibt den Technikenthusiasten Bosch, der seine Villa auf dem Heidehof in Stuttgart mit den neuesten Finessen ausstatten ließ, etwa einer fest installierten Staubsaugeranlage oder einer Wasseraufbereitungsanlage. Es gibt den Stifter Bosch, der im Ersten Weltkrieg erstmals rund 20 Millionen Mark stiftete. Die Zinsen sollte die Stadt Stuttgart verwenden, um die Not der Armen zu mildern. Er unterstützte die Technische Hochschule Stuttgart. Und er spendete 5,5 Millionen Mark für eine homöopathische Klinik in Stuttgart, das Robert-Bosch-Krankenhaus. Es gibt den eitlen Bosch, der einem Bildhauer, dem er Modell gesessen hatte, sagte, dass bei der Büste die Nase und die Ohren einen Zentimeter zu lang seien – dies habe seine eigenhändige Messung ergeben.

Es gibt den »roten« Bosch, der den Achtstundentag einführte, freie Samstagnachmittage, Urlaubstage und eine Betriebsrente. Es gibt den pragmatischen Bosch, der sich dagegen verwahrte, ein »Gutmensch« zu sein, wie man das heute sagen würde. Er zahle nicht gute Löhne, weil er reich sei, sondern er sei reich, weil er gute Löhne zahle, sagte er. Der ehemalige Firmensitz von Bosch ist das heutige Bosch-Areal in Stuttgart.

Es gibt den Europäer Bosch, der sich während der Weimarer Republik für die Aussöhnung der Kriegsgegner engagierte und für einen einheitlichen Wirtschaftsraum ohne Zölle. Es gibt den Profiteur Bosch, der sich mit seinem Unternehmen an der Kriegswirtschaft der Nazis beteiligte. 1940 sorgten Aufträge der Wehrmacht für zwei Drittel des Umsatzes. Das Unternehmen setzte 20.000 Zwangsarbeiter ein.

Es gibt den Widerständler Bosch, der gegen die Kriegspläne der Nazis protestierte, der an die Westmächte Informationen über die Rüstungspolitik des Regimes weiterleitete; der den ehemaligen Leipziger Oberbürgermeister und Nazigegner Carl Goerdeler 1937 als Wirtschaftsberater einstellte; der den Widerstand gegen Hitler finanzierte und unterstützte. Es gibt den Lebensretter Bosch, der jüdischen Organisationen große Beiträge zukommen ließ, die damit die Ausreise von deutschen Juden finanzierten. Am 12. März 1942 starb Robert Bosch. Er wurde auf dem Waldfriedhof in Stuttgart beigesetzt.

HYMER-WOHNMOBILE

MEHR ÜBER DIE ENTSTEHUNG DES WOHNMOBILS ERFÄHRT MAN IM ERWIN HYMER MUSEUM /// ROBERT-BOSCH-STRASSE 7 /// 88339 BAD WALDSEE /// 0 75 24 / 97 66 76 00 /// WWW.ERWIN-HYMER-MUSEUM.DE ///

ERWIN HYMER MIT PUCK AUF REISEN
Wohnmobil – Erwin Hymer Museum

Erwin Hymer kannte seinen Shakespeare: Mit *Puck* bescherte er den Deutschen ihren ganz persönlichen Sommernachtstraum. *Puck*, so nannte der Unternehmer aus Oberschwaben seinen Wohnwagen. Pucks Brüder hießen *Faun*, *Troll* und *Pan*. Des Sommers stauten sich die Fabelwesen in den Alpen, die Holländer wussten noch nicht mal, was Wohnwagen waren, da zogen die Deutschen mit ihren Käfern und Goggomobilen die Hymer-Modelle an die Adria.

Eriba touring hieß die Baureihe. Nach Erich Bachem, einem alten Freund, der Erwin Hymer auf die Idee brachte, Wohnwagen zu bauen. Der Maschinenbauer Hymer hatte bei Claudius Dornier in Spanien Flugzeuge gebaut, einen Kleinwagen entwickelt, den Zündapp später *Janus* nannte, ehe es ihn zurück nach Bad Waldsee zur Firma des Vaters zog. Sie bauten alles Mögliche. Nur keine Wohnwagen. Darauf brachte ihn Bachem. Der hatte eine schillernde Vergangenheit. Er hatte Hitlers letzte Wunderwaffe gebaut: eine Rakete aus Sperrholz. Die *Natter* sollte feindliche Bomber abschießen. Doch der Senkrechtstarter fiel am 1. März 1945 beim ersten bemannten Flug vom Himmel. Pilot Lothar Sieber starb. Nach dem Krieg hatte es Bachem nach Argentinien gezogen. Zurück in Deutschland schaute er bei Hymer vorbei und fragte, ob der nicht einen Wohnwagen für ihn bauen könne – den *Eriba*. Und so wurde Hymer zum Mann, der die Deutschen bewegte und ihnen erlaubte, ihr Häusle auf Reisen mitzunehmen. Unwiderstehlich, nicht nur für Schwaben. 1961 kommt schließlich Hymers großer Coup: Einen Borgward-Kastenwagen baut er zu einem Wohnmobil um. Drei Exemplare seines *Caravano* stellt er fertig, dann geht Borgward pleite. Das Problem für Hymer: Kein anderer Hersteller bietet ein ähnliches Fahrzeugmodell an. So kann er erst zehn Jahre später erneut ein Wohnmobil vorstellen, einen umgebauten Transporter von Mercedes. Das *Hymermobil* ist geboren. Und fährt und fährt.

JULIUS MAGGI SALZT DIE SUPPE
Würzsoße – Maggi-Gelände Singen

54

Seine Tochter hatte Glück. Beinahe hätte Julius Maggi sie Leguminosa genannt. So berauscht war er von seinen neu entwickelten Fertigsuppen auf der Basis vom Mehl aus Hülsefrüchten, den Leguminosen. Seine Frau verhinderte das Schlimmste, die Tochter musste den Namen nicht mit Erbsen, Bohnen, Kichererbsen und Linsen teilen.

Eigentlich war der Schweizer Julius Maggi Müller, seine Firma betrieb zahlreiche Mühlen. Doch viel Geld war damit nicht mehr zu verdienen am Ende des 19. Jahrhunderts. So war es wohl eine Mischung aus Geschäftssinn und Gemeinsinn, die Maggi dazu brachte, Fertigsuppen zusammenzumixen. Der Arzt Friedrich Schuler hatte ihm das Elend der Arbeiter geschildert, die fast ohne Pause malochten und weder Zeit noch Geld hatten, ordentlich zu essen. Maggi wollte mit seinem Pulver Abhilfe schaffen: ins Wasser streuen, erhitzen, fertig. Allerdings schmeckten die Suppen fade, es brauchte ein Würzmittel. In Singen am Bodensee fertigte Maggi aus Sojabohnen und Weizeneiweiß seine Würzsauce. Am 2. Mai 1887 füllten sieben Arbeiterinnen und ein Vorarbeiter im Hinterhaus der *Restauration Amann* die Soße erstmals in jene viereckigen Flaschen, die im Bekanntheitsgrad wohl nur hinter den Flaschen von Coca-Cola zurückstehen. Das Maggi Werksgelände in Singen gibt es noch heute, der Singener Museumsverein bietet Führungen.

Auch Joseph Beuys mochte Maggi, der Künstler bastelte daraus seine Installation *Ich kenne kein Weekend*. In einen Aktenkoffer drapierte er eine Reclam-Ausgabe von Kants *Kritik der reinen Vernunft* und eine Maggi-Flasche. Auch der Literat Frank Wedekind kannte sich aus mit Maggi. Er dichtete Werbesprüche für die Firma. Etwa diesen: »Vater, mein Vater/Ich werde nicht Soldat/dieweil man bei der Infanterie nicht Maggi-Suppen hat!/Söhnchen, mein Söhnchen/Kommst du erst zu den Truppen/So isst man dort auch längst nur Maggis Fleischconservensuppen.«

GRAF ZEPPELINS LUFTSCHLOSS
Zeppelin – Zeppelin Museum Friedrichshafen 55

Gestatten Sie, dass ich mich Ihnen vorstelle: Ich bin Luise C., und wenngleich ich nur ein Hirngespinst, eine Fiktion bin, könnte ich so oder so ähnlich sehr wohl existiert haben: als ein Mensch aus Fleisch und Blut. Schließlich hielten ja auch viele die Erfindung, von der ich berichten will, lange Zeit für ein Luftschloss. Doch richtig ist: Es ist ein Luftschiff, erfunden von Graf Ferdinand von Zeppelin. Schon vor ihm hatten zahlreiche Tüftler sich an der Weiterentwicklung des Ballons versucht, doch ohne Erfolg. Viele setzten dabei ihr Vermögen aufs Spiel und gaben sich der Lächerlichkeit preis. Nicht so Graf Zeppelin. Sein Luftschiff, das von verbesserten Motoren und der Erfindung des Aluminiums profitierte, hob am 2. Juli 1900 in der Manzeller Bucht bei Friedrichshafen ab – und blieb 18 Minuten in der Luft. Damals war ich gerade mal vier Jahre alt. Mein Vater las am Abendbrottisch laut den Artikel über dieses Ereignis vor. Ich war fasziniert.

Am 5. August 1908 landete Ferdinand Graf von Zeppelin aufgrund eines Motorschadens mit dem Luftschiff LZ 4 in der Nähe von Echterdingen, der Zeppelin wurde dort während eines Gewitters vollständig zerstört. Ich erinnere mich, dass mein Vater, als er davon in der Zeitung las, ausrief: »Ein neuer Zeppelin muss her!« Nicht nur er hielt das Unglück für einen einmaligen Ausrutscher – und nicht nur er spendete Graf Zeppelin eine beträchtliche Summe. Damals nahm die große »Zeppelinspende des deutschen Volkes« ihren Anfang. Sie erbrachte über sechs Millionen Goldmark. Wie stolz war ich doch auf meinen Herrn Papa!

Doch die Schreckensnachrichten rissen nicht ab: Allein zwölf von 19 Luftschiffen wurden vor 1913 bei Unglücken zerstört. Dennoch nutzte man Zeppeline im Ersten Weltkrieg: Insgesamt 88 warfen bei 51 Angriffsfahrten auf England 197 Tonnen Bomben ab, töteten dabei 557 Menschen und verletzten 1.358. Daneben wurden rund 1.200 Aufklärungsfahrten unternommen. Luftkrieg statt Luftschloss. Doch dann endlich gab es für Bewunderinnen wie mich wieder Positives zu lesen: Am 18. September 1928 stieg die neue *Graf Zeppelin* zum ersten Mal auf. Mit diesem Schiff begann der Höhepunkt

Zeppelin über dem Bodensee

der Zeppelin-Luftfahrt: Im August 1929 umfuhr es als erstes und bis heute einziges Luftschiff die Erde. Mit großem Interesse verfolgte ich, dass der Zeppelin im großen Stil als Postbeförderer eingesetzt wurde und die Deutsche Luftpost »schnellste Beförderung nach allen Weltteilen« sowie »mäßige Gebühren« versprach. Ab 1930 wurde ein transatlantischer Liniendienst eingerichtet.

Das Jahr 1936 war für mich persönlich – aber auch für die Luftschifffahrt – ein ganz besonderes: Am 4. März 1936 wurde die *Hindenburg* fertiggestellt – und im Sommer heiratete ich meinen Mann, Karl H., einen wohlhabenden Industriellen. Endlich! – wie mein Vater sagte, hatte er doch schon befürchtet, ich würde als alte Jungfer enden. Karl machte mir das wundervollste Hochzeitsgeschenk überhaupt: Unsere Hochzeitsreise sollten wir in New York verbringen – und dorthin sollte uns die *Hindenburg* bringen. Das war überaus großzügig von ihm, denn die Hin- und Rückreise kosteten pro Person 2.900 bis 3.200 Reichsmark. Ich war außer mir vor Glück. An einem Spätsommertag legte die *Hindenburg* mit Karl und mir in Friedrichshafen ab. Es war eine von zehn Fahrten des Luftschiffes in diesem Jahr. Mit uns waren 50 weitere Gäste an Bord – und ebenso viel Mann Besatzung. Ich betete nur, dass sich nicht, wie zuvor bei einer Fahrt der *Hindenburg* von Rio de Janeiro, Schlangen an Bord befanden. Auch Antilopen hatte das Luftschiff schon transportiert. Da hatte ich lieber ein Auto und ein Kleinflugzeug im Frachtraum, der acht Tonnen aufnehmen konnte. Das war allemal besser als eine Horde wilder Tiere! Das Innere der *Hindenburg* ließ mich all meine Sorgen vergessen: Ich war begeistert vom modernen Bauhausstil, von unserer Kabine und den Gesellschaftsräumen. Ja, das Gesellschaftsleben an Bord: Erlesene Menüs – etwa Kraftbruhe Royal, Bodenseeforelle, Masthuhn nach Graf Zeppelin, Salat und Apfelkuchen – sowie feuchtfröhliche Partys an der Bar zeichneten unsere Reise aus. Wir genossen dies ebenso sehr wie den grandiosen Ausblick aus den Fenstern des sanft dahingleitenden Luftschiffs.

Nach nur zwei Tagen kamen wir in Lakehurst in New Jersey an, das 130 Kilometer von New York entfernt ist. Genau an diesem Ort landete die Hindenburg auch am 6. Mai 1937. Doch an diesem Tag fing das Heck Feuer, innerhalb von Sekunden ging das größte Luftschiff der Welt in Flammen auf. Von 97 Menschen überlebten 62. Die große Luftschiff-Ära endete nach diesem Unglück aufgrund des Sicherheitsrisikos der Wasserstoff-Füllung. Dennoch bin ich froh: Darüber, dass ich nicht beim Katastrophenflug dabei war – und darüber, dass meine Enkel und Urenkel wohl werden erleben dürfen, dass der Zeppelin bei gutem Wetter wieder ruhig über dem Bodensee seine Runde zieht, vielleicht getragen von einem weniger explosiven Gas. Vielleicht wird es in Friedrichshafen sogar ein Museum zum Gedenken an Graf Zeppelin und das Luftschiff geben. Vielleicht denken Sie dabei an mich.

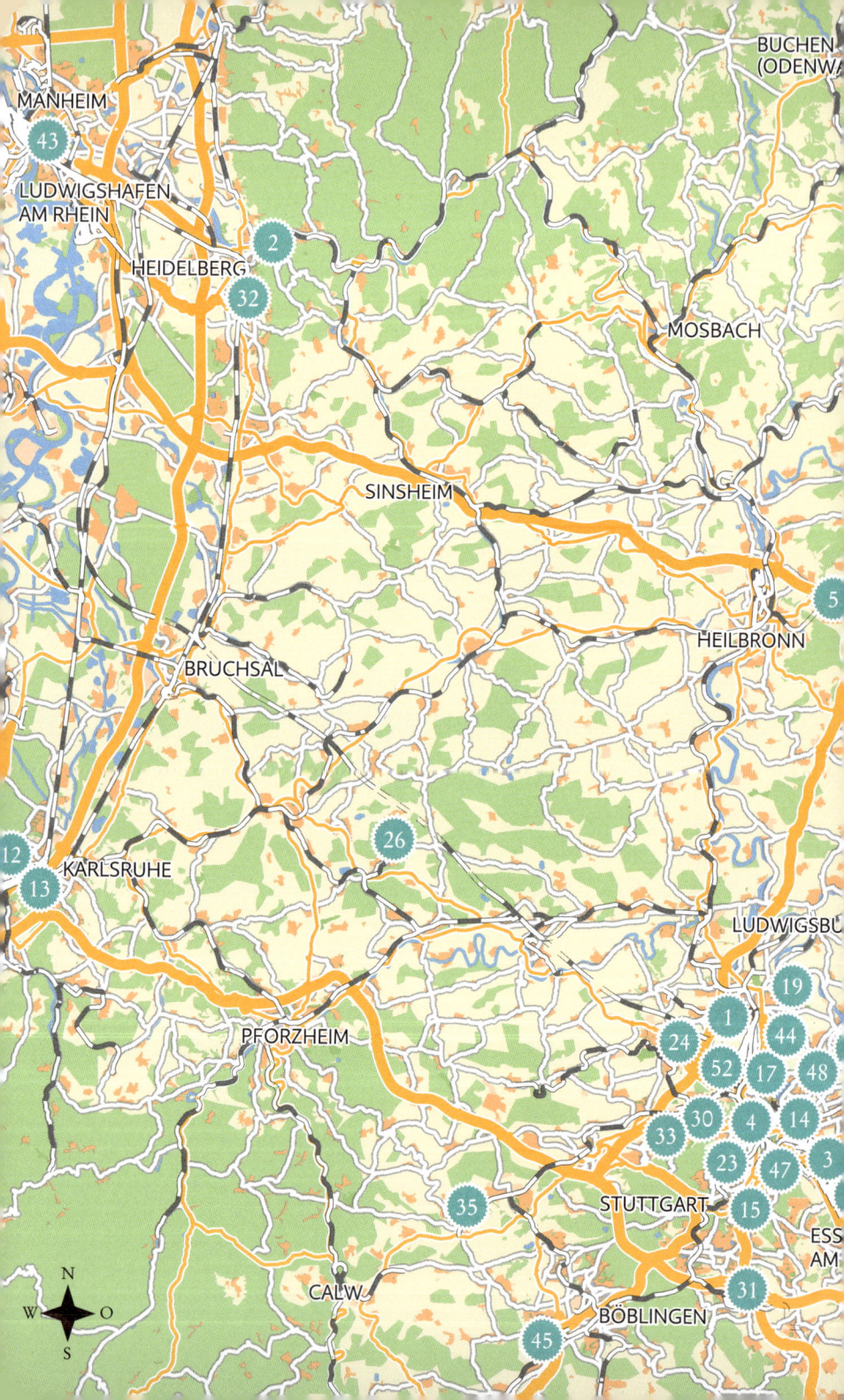

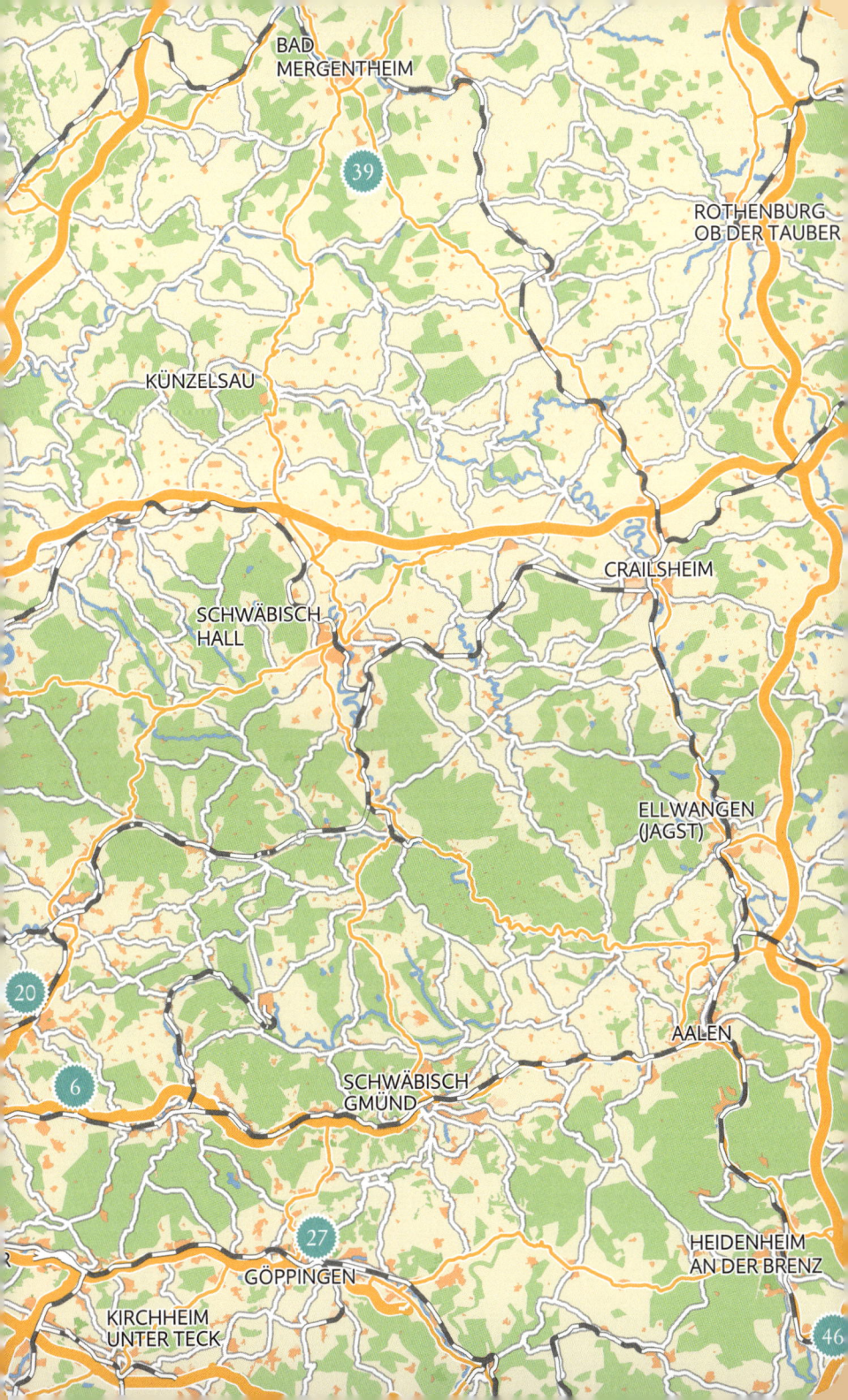

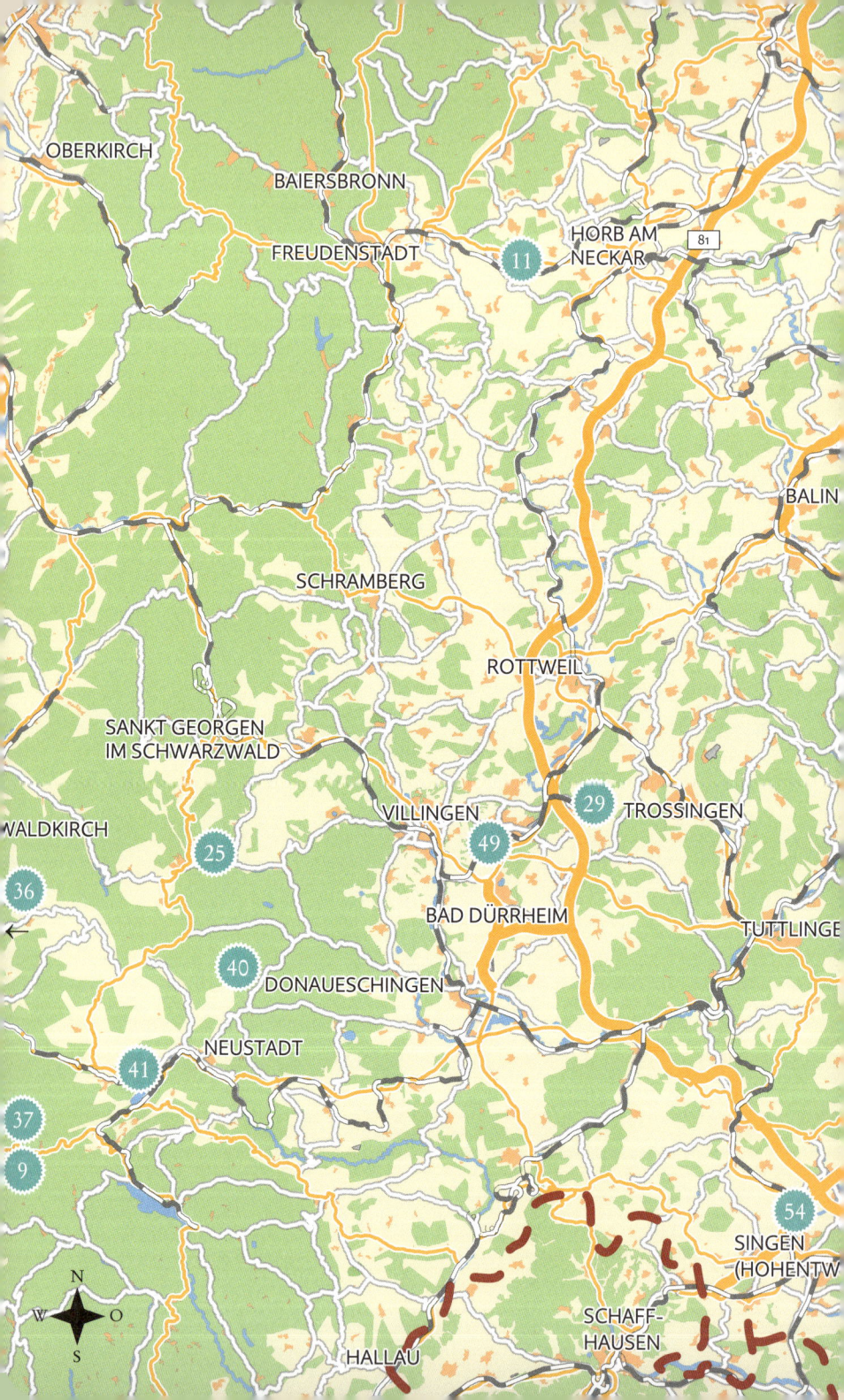

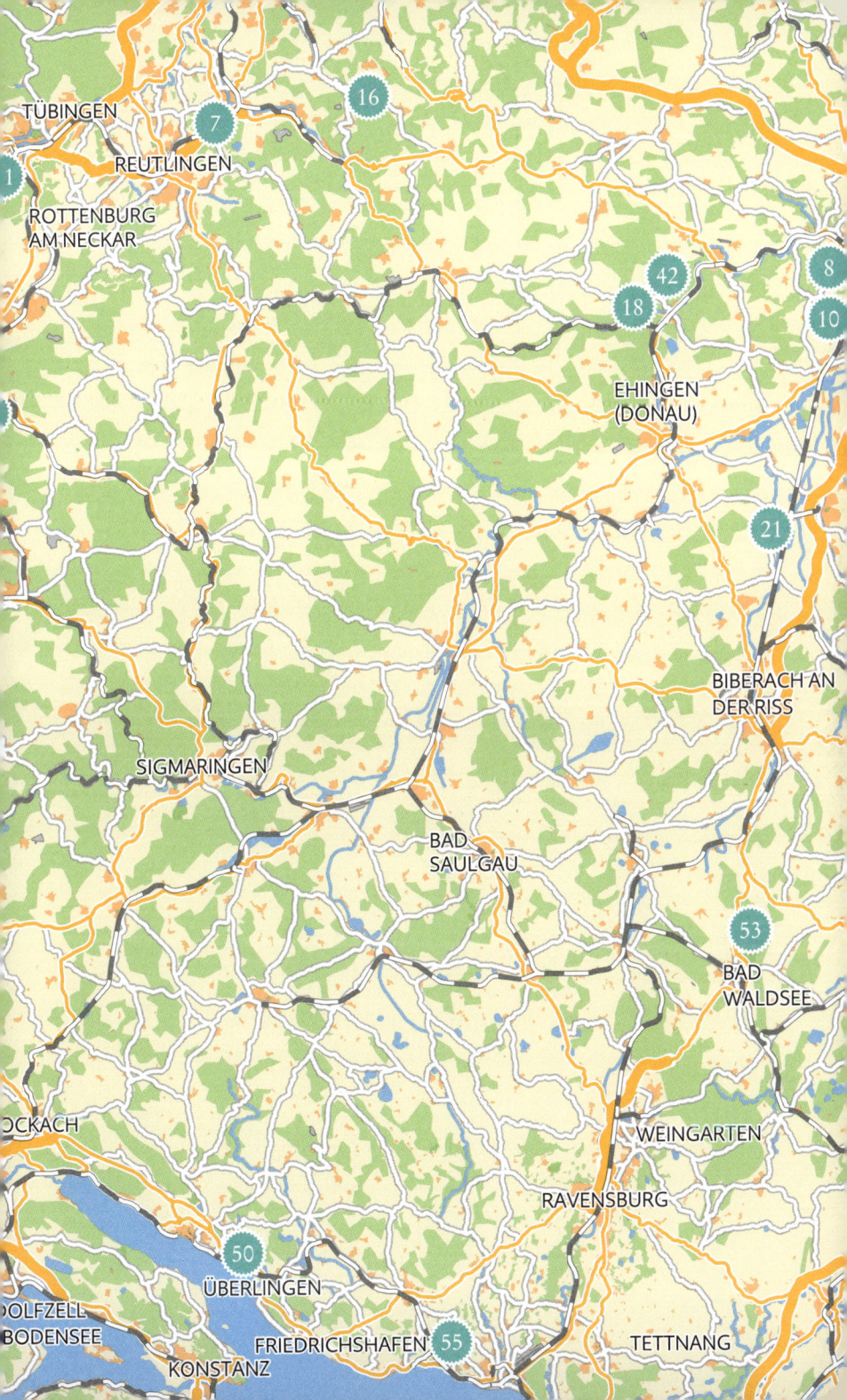

BILDVERZEICHNIS

Andreas Schwarzkopf 8; Peter Hansen/shutterstock.com 10; UHU GmbH & Co. KG, Bühl. 12; Daimler AG 14, 16; die arge lola, Stadtmuseum Stuttgart 18; Caroline Usener-Thusi 20; pd 22; Katjes 24; Vux 26; science photo/shutterstock.com 28; Frank Rothfuß 30, 158; Netfalls Remy Musser/shutterstock.com 32; Archiv Dörflinger 34; Magirus GmbH 36; © fischerwerke 38; © ZKM | Zentrum für Kunst und Medien Karlsruhe, Foto: ONUK 40; GaudiLab/shutterstock.com 42; Reiner Erhard/Deutsches Verkehrsmuseum in Karlsruhe 44; Gabi Siebenhuehner/shutterstock.com 46; Radsportgemeinschaft Karlsruhe 1898 e. V. 48; Justin Larutan 50, 52; Peter Schmelzle 54; RG-vc/shutterstock.com 56; Dr. Roland Idler 58, 60; Gunther Bayerl © Urgeschichtliches Museum Blaubeuren 62; Claus Rudolph/UrMu 64; VfB Stuttgart e. V. Archiv 66; Max Kovalenko 68, 166; Alfred Kärcher GmbH & Co. KG 70; Museum zur Geschichte von Christen und Juden 72, 74; Wuselig 76; Ludwig Bosch, Heimatmuseum Jungingen 78; Stuttgart Marketing 80; Stuttgart Marketing, Isolde Schick 82; Hans-Jörg Schnitzer 84; Deutsches Uhrenmuseum Furtwangen 86, 88; Bürger GmbH & Co. KG 90; Märklin 92, 94; © Galerie Stihl Waiblingen 96; ANDREAS STIHL AG & Co. KG; STIHL 98; Deutsches Harmonikamuseum 100; Gerhard Wollnitz 102, 104; Paul Schlack, Stadtarchiv Bobingen 106; Deutsche Fotothek 108; Gunther von Hagens' KÖRPERWELTEN, Institut für Plastination, Heidelberg, www.koerperwelten.de 110; Aschroet 114; JetKat/shutterstock.com 116; Hughcoil 118; Freiburg Living History UG 122; Hochschwarzwald Tourismus GmbH 124; Tournachon 126; Dr. Rolf Hein GmbH 128; Holger Schmitt 130; Marco Bonomo 134; Benjamin Arnold 136; Holmenkol 138; UrMu_Foto Günther Bayerl 140; UrMu 142; Eis Fontanella Eismanufaktur Mannheim 144, 146; Kull Spätzlespresse GmbH 148; Gemeinde Ehningen 150; Thomas Madel/Fotolia.com 152; Klaus-Dieter Keller 154; Steiff 156; Haus des Dokumentarfilms 160, 162; Edwin Mieg OHG 164; AUTO & TRAKTOR MUSEUM 168; Stadtmuseum Tübingen 170, 172; Jaimrsilva 174; Habakuk 176; Hymer 178; Maggi 180; Michael Fischer/Zeppelin Museum Friedrichshafen; Deutsche Zeppelin-Reederei GmbH 184

ANDREA JENEWEIN / FRANK ROTHFUSS
Stuttgart – Kesseltreiben und Höhenrausch
....
978-3-8392-1471-8 (Paperback)
978-3-8392-4253-7 (pdf)
978-3-8392-4252-0 (epub)

STAIRWAYS TO HEAVEN Wo kannte man Botox bereits im 19. Jahrhundert? Woher kommt die Raupe Nimmersatt? An welchem Ort ist ein Aufzug bereits zum Mond und zurück gefahren? Hier kann es sich nur um Stuttgart handeln. Erkunden Sie mit Andrea Jenewein und Frank Rothfuß ihre Lieblingsplätze im Stadtgebiet. Lassen Sie sich entführen zu verwunschenen Orten wie den Heslacher Wasserfällen und kruschteln Sie bei Such & Find nach Modelleisenbahnloks und Sammelfiguren. Wenn Sie dann noch die Stuttgarter Stäffele erkundet haben, sind Sie der schwäbischen Seele ein gutes Stück näher gekommen.

KULTUR

WWW.GMEINER-VERLAG.DE
Mensch, Kultur, Region

BÖTTINGER / GEIBEL / JENEWEIN / ROTHFUSS / SCHMID
Das Beste aus Schwaben
....
978-3-8392-2292-8 (Paperback)
978-3-8392-5759-3 (pdf)
978-3-8392-5758-6 (epub)

ISCH'S DO SCHEE! Zu Gottes schönsten Gaben gehört bekanntlich Schwaben. Die Eiszeithöhlen der Schwäbischen Alb sind Weltkulturerbe, die ganze Welt spielt Ravensburger, der weltweit höchste Kirchturm steht in Ulm, die Schwabenmetropole Stuttgart beliefert die Welt mit Autos und die Langenburger Wibele sind nicht nur das kleinste Gebäck der Welt, sondern gehören auch zum beliebtesten Naschwerk von Adelsfamilien weltweit. Neben diesen Highlights offenbart der Landstrich zwischen Bodensee und Hohenlohischem atemberaubende Naturorte, beeindruckende Kulturschätze und betörende Gaumenfreuden. »Das Beste aus Schwaben« – eine faszinierende Erkundungstour zu den Höhepunkten Schwabens.

WWW.GMEINER-VERLAG
Mensch, Kultur, Re